第二次青藏高原综合科学考察研究丛书

国家出版基金项目
NATIONAL PUBLICATION FOUNDATION

祁连山
人类活动变化与影响

李 新 祁 元 宋晓谕 等 著

科学出版社
北京

内 容 简 介

本书是"第二次青藏高原综合科学考察研究"之"祁连山关键区人类活动变化与影响"科学考察的总结成果，由工作在青藏高原一线的科研人员共同完成。主要内容包括：祁连山 20 世纪 80 年代以来的人类活动发展进程，以及 2017 年重锤治理后的人类活动变化；区域矿山开发对水环境和土壤环境质量的影响；祁连山生态环境治理的生态系统服务价值、对区域经济及农牧民生计转变的影响；基于条件估值法核算祁连山生态系统服务的远程耦合价值；提出祁连山生态与生计双赢的绿色发展策略等。本书系统综合前期数据及科学考察中获得的第一手观测资料，为祁连山生态环境保护与综合治理提供数据支撑，为区域生态补偿等相关政策的制定提供理论基础，为生态资产向金融资产的有效转换提供科学依据，为祁连山地区实践"绿水青山就是金山银山"的发展理念提供路径。

本书可供从事国家公园、自然保护区和流域等生态环境监测与变化研究的学者、相关专业研究生以及从事生态环境保护、修复和治理的工程师和技术人员参考。

审图号：GS(2022)1155 号

图书在版编目（CIP）数据

祁连山人类活动变化与影响 / 李新等著. —北京：科学出版社，2022.6
（第二次青藏高原综合科学考察研究丛书）
国家出版基金项目
ISBN 978-7-03-072433-5

Ⅰ.①祁⋯　Ⅱ.①李⋯　Ⅲ.①祁连山–生态环境–环境综合整治–研究
②祁连山–人类活动影响–研究　Ⅳ.①X321.244②P461

中国版本图书馆CIP数据核字（2022）第094386号

责任编辑：朱　丽　董　墨　李嘉佳 / 责任校对：杜子昂
责任印制：肖　兴 / 封面设计：吴霞暖

科 学 出 版 社 出版
北京东黄城根北街16号
邮政编码：100717
http://www.sciencep.com

北京汇瑞嘉合文化发展有限公司 印刷
科学出版社发行　各地新华书店经销

*

2022年6月第　一　版　　开本：787×1092　1/16
2022年6月第一次印刷　　印张：11 1/2
字数：270 000

定价：168.00元
（如有印装质量问题，我社负责调换）

"第二次青藏高原综合科学考察研究丛书"
指导委员会

《祁连山人类活动变化与影响》

编写委员会

主　任　李　新

副主任　祁　元　宋晓谕

委　员　（按姓氏汉语拼音排序）

补建伟　陈莹莹　邓晓红　郭建军

何　磊　焦继宗　梁四海　马晓芳

年雁云　牛晓蕾　孙自永　王广军

王宏伟　颉耀文　薛晓玉　杨　瑞

张金龙　郑东海　周　纪　周圣明

第二次青藏高原综合科学考察队

祁连山人类活动变化与影响分队队员名单

姓名	职称	工作单位
李　新	分队长	中国科学院青藏高原研究所
祁　元	执行分队长	中国科学院西北生态环境资源研究院
宋晓谕	队员	中国科学院西北生态环境资源研究院
王宏伟	队员	中国科学院西北生态环境资源研究院
张金龙	队员	中国科学院西北生态环境资源研究院
郭建军	队员	中国科学院西北生态环境资源研究院
杨　瑞	队员	中国科学院西北生态环境资源研究院
马晓芳	队员	中国科学院西北生态环境资源研究院
周圣明	队员	中国科学院西北生态环境资源研究院
王建华	队员	中国科学院西北生态环境资源研究院
汤　瀚	队员	中国科学院西北生态环境资源研究院
连喜红	队员	中国科学院西北生态环境资源研究院
王鹏龙	队员	中国科学院西北生态环境资源研究院
王肖波	队员	中国科学院西北生态环境资源研究院
陈莹莹	队员	中国科学院青藏高原研究所
郑东海	队员	中国科学院青藏高原研究所
牛晓蕾	队员	中国科学院青藏高原研究所
颉耀文	队员	兰州大学
焦继宗	队员	兰州大学
邓晓红	队员	兰州大学
年雁云	队员	兰州大学

何　磊	队员	兰州大学
薛晓玉	队员	兰州大学
杨　露	队员	兰州大学
孙自永	队员	中国地质大学（武汉）
补建伟	队员	中国地质大学（武汉）
蔡鹤生	队员	中国地质大学（武汉）
梁四海	队员	中国地质大学（北京）
王广军	队员	中国地质大学（北京）
周　纪	队员	电子科技大学
马　晋	队员	电子科技大学
孟令宣	队员	电子科技大学
吴　娜	队员	西北师范大学
李　洁	队员	西北师范大学

丛书序一

　　青藏高原是地球上最年轻、海拔最高、面积最大的高原，西起帕米尔高原和兴都库什、东到横断山脉，北起昆仑山和祁连山、南至喜马拉雅山区，高原面海拔 4500 米上下，是地球上最独特的地质－地理单元，是开展地球演化、圈层相互作用及人地关系研究的天然实验室。

　　鉴于青藏高原区位的特殊性和重要性，新中国成立以来，在我国重大科技规划中，青藏高原持续被列为重点关注区域。《1956—1967 年科学技术发展远景规划》《1963—1972 年科学技术发展规划》《1978—1985 年全国科学技术发展规划纲要》等规划中都列入针对青藏高原的相关任务。1971 年，周恩来总理主持召开全国科学技术工作会议，制订了基础研究八年科技发展规划（1972—1980 年），青藏高原科学考察是五个核心内容之一，从而拉开了第一次大规模青藏高原综合科学考察研究的序幕。经过近 20 年的不懈努力，第一次青藏综合科考全面完成了 250 多万平方千米的考察，产出了近 100 部专著和论文集，成果荣获了 1987 年国家自然科学奖一等奖，在推动区域经济建设和社会发展、巩固国防边防和国家西部大开发战略的实施中发挥了不可替代的作用。

　　自第一次青藏综合科考开展以来的近 50 年，青藏高原自然与社会环境发生了重大变化，气候变暖幅度是同期全球平均值的两倍，青藏高原生态环境和水循环格局发生了显著变化，如冰川退缩、冻土退化、冰湖溃决、冰崩、草地退化、泥石流频发，严重影响了人类生存环境和经济社会的发展。青藏高原还是"一带一路"环境变化的核心驱动区，将对"一带一路"沿线 20 多个国家和 30 多亿人口的生存与发展带来影响。

　　2017 年 8 月 19 日，第二次青藏高原综合科学考察研究启动，习近平总书记发来贺信，指出"青藏高原是世界屋脊、亚洲水塔，是地球第三极，是我国重要的生态安全屏障、战略资源储备基地，是中华民族特色文化的重要保护地"，要求第二次青藏高原综合科学考察研究要"聚焦水、生态、人类活动，着力解决青藏高原资源环境承载力、灾害风险、绿色发展途径等方面的问题，为守护好世界上最后一方净土、建设美丽的青藏高原作出新贡献，让青藏高原各族群众生活更加幸福安康"。习近平总书记的贺信传达了党中央对青藏高原可持续发展和建设国家生态保护屏障的战略方针。

第二次青藏综合科考将围绕青藏高原地球系统变化及其影响这一关键科学问题，开展西风–季风协同作用及其影响、亚洲水塔动态变化与影响、生态系统与生态安全、生态安全屏障功能与优化体系、生物多样性保护与可持续利用、人类活动与生存环境安全、高原生长与演化、资源能源现状与远景评估、地质环境与灾害、区域绿色发展途径等 10 大科学问题的研究，以服务国家战略需求和区域可持续发展。

"第二次青藏高原综合科学考察研究丛书"将系统展示科考成果，从多角度综合反映过去 50 年来青藏高原环境变化的过程、机制及其对人类社会的影响。相信第二次青藏综合科考将继续发扬老一辈科学家艰苦奋斗、团结奋进、勇攀高峰的精神，不忘初心，砥砺前行，为守护好世界上最后一方净土、建设美丽的青藏高原作出新的更大贡献！

孙鸿烈
第一次青藏科考队队长

丛书序二

　　青藏高原及其周边山地作为地球第三极矗立在北半球，同南极和北极一样既是全球变化的发动机，又是全球变化的放大器。2000年前人们就认识到青藏高原北缘昆仑山的重要性，公元18世纪人们就发现珠穆朗玛峰的存在，19世纪以来，人们对青藏高原的科考水平不断从一个高度推向另一个高度。随着人类远足能力的不断加强，逐梦三极的科考日益频繁。虽然青藏高原科考长期以来一直在通过不同的方式在不同的地区进行着，但对于整个青藏高原的综合科考迄今只有两次。第一次是20世纪70年代开始的第一次青藏科考。这次科考在地学与生物学等科学领域取得了一系列重大成果，奠定了青藏高原科学研究的基础，为推动社会发展、国防安全和西部大开发提供了重要科学依据。第二次是刚刚开始的第二次青藏科考。第二次青藏科考最初是从区域发展和国家需求层面提出来的，后来成为科学家的共同行动。中国科学院的A类先导专项率先支持启动了第二次青藏科考。刚刚启动的国家专项支持，使得第二次青藏科考有了广度和深度的提升。

　　习近平总书记高度关怀第二次青藏科考，在2017年8月19日第二次青藏科考启动之际，专门给科考队发来贺信，作出重要指示，以高屋建瓴的战略胸怀和俯瞰全球的国际视野，深刻阐述了青藏高原环境变化研究的重要性，要求第二次青藏科考队聚焦水、生态、人类活动，揭示青藏高原环境变化机理，为生态屏障优化和亚洲水塔安全、美丽青藏高原建设作出贡献。殷切期望广大科考人员发扬老一辈科学家艰苦奋斗、团结奋进、勇攀高峰的精神，为守护好世界上最后一方净土顽强拼搏。这充分体现了习近平总书记的生态文明建设理念和绿色发展思想，是第二次青藏科考的基本遵循。

　　第二次青藏科考的目标是阐明过去环境变化规律，预估未来变化与影响，服务区域经济社会高质量发展，引领国际青藏高原研究，促进全球生态环境保护。为此，第二次青藏科考组织了10大任务和60多个专题,在亚洲水塔区、喜马拉雅区、横断山高山峡谷区、祁连山-阿尔金区、天山-帕米尔区等5大综合考察研究区的19个关键区,开展综合科学考察研究,强化野外观测研究体系布局、科考数据集成、新技术融合和灾害预警体系建设,产出科学考察研究报告、国际科学前沿文章、服务国家需求评估和咨询报告、科学传播产品四大体系的科考成果。

两次青藏综合科考有其相同的地方。表现在两次科考都具有学科齐全的特点,两次科考都有全国不同部门科学家广泛参与,两次科考都是国家专项支持。两次青藏综合科考也有其不同的地方。第一,两次科考的目标不一样:第一次科考是以科学发现为目标;第二次科考是以摸清变化和影响为目标。第二,两次科考的基础不一样:第一次青藏科考时青藏高原交通整体落后、技术手段普遍缺乏;第二次青藏科考时青藏高原交通四通八达,新技术、新手段、新方法日新月异。第三,两次科考的理念不一样:第一次科考的理念是不同学科考察研究的平行推进;第二次科考的理念是实现多学科交叉与融合和地球系统多圈层作用考察研究新突破。

"第二次青藏高原综合科学考察研究丛书"是第二次青藏科考成果四大产出体系的重要组成部分,是系统阐述青藏高原环境变化过程与机理、评估环境变化影响、提出科学应对方案的综合文库。希望丛书的出版能全方位展示青藏高原科学考察研究的新成果和地球系统科学研究的新进展,能为推动青藏高原环境保护和可持续发展、推进国家生态文明建设、促进全球生态环境保护做出应有的贡献。

姚檀栋

第二次青藏科考队队长

前　言

　　祁连山是我国重要的生态安全屏障，其生态环境状况对区域及国家生态安全至关重要。科学评估祁连山生态环境治理成效及其对区域经济发展的影响程度，有助于构建祁连山生态环境治理长效机制，协调区域生态环境治理与社会经济发展间的关系，探寻生态与生计双赢的发展路径。

　　近年来，在气候变化和人类活动双重作用下，祁连山局部生态破坏问题十分突出，严重影响了祁连山整体、长期的生态功能和生态屏障作用。针对矿产资源违规开发、水电资源无序利用、旅游开发管理缺位等突出问题，党和国家领导人多次做出重要批示，中共中央办公厅、国务院办公厅就甘肃祁连山国家级自然保护区生态环境问题发出通报，截至 2018 年，甘肃省全面推进矿山、水电、旅游环境恢复治理，严格划定祁连山生态保护红线，建立长期有效的管理体制。在祁连山生态环境修复治理中，对工矿、水电、旅游等人类活动的数量有较详细的掌握，但不清楚其发展进程和环境影响，治理成效急需精准监测；对环境治理的经济影响只有粗略估计，急需生态与生计双赢绿色发展策略。因此，在第二次青藏高原综合科学考察研究的框架下开展了祁连山人类活动变化与影响的研究，聚焦祁连山自 20 世纪 80 年代以来的人类活动变化与今后的社会经济绿色发展。综合运用卫星遥感、无人机监测、野外考察、社会经济调查手段，借助遥感、生态环境、生态经济等专业领域的前沿理论、模型、算法和技术，精确定量揭示人类活动的类型、面积、范围、质量及对生态环境的影响，准确评估生态环境治理的社会经济短期损失和长期生态效益，以祁连山"山水林田湖草"系统生态保护修复和祁连山国家公园建设为契机，谋划生态与生计双赢的绿色发展策略，推进祁连山生态文明体制改革实践。

　　本书分为 9 章。第 1 章科学考察概况，概述祁连山区科学考察的背景、意义、目标及关键内容等；第 2 章主要介绍祁连山科学考察的总体设计、方法概述、考察路线与重点区域、考察任务与分工等；第 3 章在天空地一体化精细监测基础上，完整地描述祁连山自 20 世纪 80 年代以来的人类活动发展进程，精准检验祁连山重锤整治治理成效，以及生态系统结构变化及局地生态系统服务价值变化；第 4 章利用土壤、水环境和污染物源普查等资料，探讨矿山开发对环境质量的影响，利用联合国环境经济核算框架，分析矿产资源开采治理后区域污染物减排的实物量和价值量；第 5 章综合统计数据、企业与农户调查数据，分析祁连山治理对区域经济造成的短期影响，以及农牧户生计转化面临的挑战；第 6 章基于条件价值评估方法，通过调查全国人民对祁连山保护的支付意愿，估算祁连山远程耦合生态系统服务价值；第 7 章以实现祁连山生态与生计双赢为发展目标，提出区域生态环境保护与社会经济长期可持续发展策略；第 8 章展示科考成果在祁连山监测系统的集成及在地方的应用及服务，介绍已研建的甘肃省祁连山保护区人类活动遥感监测系统和青海省生态环境综合监测与本底评估系统；第 9 章对祁连山人类活动变化与影响考察进行总结。

本书是中国科学院青藏高原研究所、中国科学院西北生态环境资源研究院、兰州大学、中国地质大学、电子科技大学许多科研人员长期不畏艰险、辛勤劳动的成果。感谢姚檀栋院士、程国栋院士、陈发虎院士、陈德亮院士等在项目启动、阶段性工作汇报中提出的宝贵修改意见。

本次科学考察得到了甘肃省生态环境厅、青海省生态环境厅、甘肃祁连山国家级自然保护区、青海祁连山省级自然保护区、张掖市人民政府、武威市人民政府、海北藏族自治州人民政府、海西蒙古族藏族自治州人民政府等地方政府单位的大力支持。

本书的出版得到了第二次青藏高原综合科学考察研究"祁连山人类活动变化与影响"专题资助。此次野外考察、卫星遥感数据解译、环境经济核算等工作由多家科研院校共同完成，内容难免存在不足，还请读者批评指正。

《祁连山人类活动变化与影响》编写委员会

2019 年 9 月

摘　　要

　　　　祁连山是我国重要的生态安全屏障，其生态环境状况对区域及国家生态安全至关重要。近年来，在气候变化和人类活动双重作用下，特别是受矿产资源粗放开发、水电资源无序利用、旅游活动落后管理等人类活动的干扰破坏，祁连山局部生态破坏问题十分突出，严重影响了祁连山整体的、长期的生态功能和生态屏障作用。针对祁连山生态环境保护的突出问题，党和国家领导人多次作出批示，2017 年，中共中央办公厅、国务院办公厅就甘肃祁连山国家级自然保护区生态环境问题发出通报，直指祁连山国家级自然保护区生态环境破坏问题严重，违法违规开发矿产资源问题严重和部分水电设施违建、违法运行等行为。目前，祁连山生态环境治理已初见成效，矿产资源开采、水电建设、旅游开发、超载放牧等问题得到了有效控制，区域生态环境质量有所改善。但由于沿山地区经济对采矿、水电、旅游、放牧的依赖程度较高，生态环境治理对区域经济造成了一定的短期负面影响。科学评估祁连山生态环境治理成效及其对区域经济发展的影响程度，有助于构建祁连山生态环境治理长效机制，协调区域生态环境治理与社会经济发展间的关系，探寻生态与生计双赢的发展路径。

　　　　祁连山人类活动变化与影响科学考察分队利用遥感监测、无人机监测、野外实地调查结合的天空地一体化监测方法，对祁连山矿山开采、水电开发、旅游设施、过度放牧等人类活动开展了精细监测。采用集成生态系统服务和权衡的综合评估模型（integrated valuation of ecosystem services and trade-offs，InVEST）与综合环境和经济核算体系（accounting system of comprehensive environment and economics，SEEA）方法分析了祁连山区生态环境治理前后的生态环境效益与区域经济损失。基于远程耦合的思路，创新性地提出了区域生态系统服务区全域价值评估方法，利用互联网开展全国范围的祁连山生态系统服务价值支付意愿调查，核算了面向全国各区域的祁连山全域生态系统服务价值。考察得出以下主要结论：

（1）生态环境治理工程的实施有效减弱了祁连山不合理的人类活动强度。 采用高分遥感影像结合实地验证，制备 2018 年祁连山土地利用数据，结合 1985~2016 年的七期土地利用数据，分析发现 2016 年的土地开发利用强度最大，尤其表现在农村居民地建设、道路建设、工矿用地建设、水电站及水库建设。1985~2016 年建设用地、工矿用地、旅游用地均呈增加趋势，其中工矿用地增幅最为显著，由 1985 年的 596.68 hm^2 激增到 2016 年的 6937.33 hm^2，面积扩大了 10.63 倍。治理之后，相比 2016 年，2018 年区域内人类活动点位数量大幅减少，尤其是工矿点位数量减少近一半，建设用地面积减少了 13.7 hm^2，工矿用地面积减少了 586.1 hm^2，旅游用地面积减少了 7.1 hm^2，水库用地面积减少了 100.7 hm^2。生态环境治理后的祁连山区域内不合理的人类活动的强度明显减弱。

（2）矿山开采造成的重金属排放对矿区周边水体及土壤存在较大危害。 受矿山影响的水土环境质量状况较差，重金属含量较高。矿山废水通过降水入渗以及径流过程进入地表和地下水体及土壤之中，对环境危害较大。综合质量评价结果显示，21 个采样点中 50% 的溶滤水超过《地表水环境质量标准》（GB 3838—2002）中 V 类水的标准限值，这些样点主要分布于大型矿集区。对祁连山黑河源区典型历史矿山周边的 19 份土壤样品进行分析发现，土壤中 8 种重金属的含量平均超天然土壤含量的 6.7 倍，其中铅（Pb）高达 25 倍。镉（Cd）超标率为 100%，最大超标倍数约为 70 倍。同时，采矿活动造成的地质环境问题可能逐级放大到祁连山地区之外的更高层级上（如青藏高原）并影响环境的其他方面。

（3）局域生态系统服务价值和生态环境效益提升。 通过采用 InVEST 模型对祁连山治理前后的生态系统服务价值进行核算，比较发现治理后区域新增局域生态系统服务价值 0.05 亿元 /a。采用环境经济核算方法，结合区域主要矿产开采变化情况，分析发现区域环境污染物减排产生的新增环境效益为 1.94 亿元 /a。治理后，区域年新增生态环境效益价值合计约 1.99 亿元。

（4）生态环境治理加速区域产业结构转型。 过去一段时间内，祁连山地区经济发展、财政收入主要依赖矿产、水电等资源开发项目，群众生活以传统畜牧业为主。因此，生态环境治理对祁连山区域经济增长产生了一定的、但应该是短期的负面影响。其中，甘肃省武威市、张掖市和青海省海北藏族自治州、海西蒙古族藏族自治州 4 市（州）2017 年工业增加值较 2016 年总体下降 53.09 亿元。生态环境治理对居民生计产生一定冲击，部分敏感群体生计资本总量下降、生计风险增高。祁连山地区产业结构亟须进一步加快调整，加快形成社会经济发展与生态环境保护相协调的创新发展模式。

（5）祁连山生态系统服务价值具有典型的远程耦合特征，其全域生态系统服务价值巨大。祁连山是我国核心生态屏障之一，也是全国人民的"金山银山"。其生态系统服务价值不仅仅体现在本地，而是通过远程耦合，辐射其生态保护、文化和政治安全等价值。因此，我们创新性地提出基于全民支付意愿的全域生态系统服务价值评价方法，利用互联网面向全国开展多轮祁连山生态系统服务价值问卷调查。总计回收有效问卷 4120 份，利用条件估值方法构建虚拟市场交易情景开展分析，发现祁连山生态系统服务综合价值高达 10676.19（±1601）亿元 /a，远高于传统方法计算的局域生态系统服务核算价值，为通过中央政府转移支付等方式实现区域生态补偿等相关政策的制定提供了重要依据。

总体上，2017 年以来的生态环境治理措施有效控制了祁连山区不合理的人类活动，区域生态环境逐渐转好，但区域经济发展问题不容忽视，必须寻求生态与生计双赢途径。鉴于祁连山对全国的巨大生态系统服务价值，建议国家加大生态补偿力度，通过转移支付弥补区域经济损失。同时，应注重补偿方式的多样化和针对性，通过技术补偿、政策补偿等方式提升区域农牧民各项生计资本，在国家公园框架内适度发展高端生态旅游，激发本地绿色经济活力，实现区域发展中的生态与生计双赢，探索生态屏障区生态环境治理的祁连山模式，为"一带一路""绿色发展"提供样板。

目　　录

第1章

科学考察概况

1.1 科学考察背景与意义

1.1.1 科学考察背景概述

祁连山是黄河流域及黑河、石羊河、疏勒河等干旱区内陆河的重要水源地，生物多样性保护的优先区域，我国生态屏障的重要组成部分。近年来，在气候变化和人类活动双重作用下，特别是受矿产资源粗放开发、水电水资源无序利用、旅游活动管理落后等人类活动的干扰破坏，祁连山局部生态破坏问题十分突出，严重影响了祁连山整体的、长期的生态功能和生态屏障作用（陈东景等，2002；刘晶等，2012；丁文广等，2018）。

自 2015 年 9 月环境保护部会同国家林业局约谈甘肃省相关部门，特别是自 2017 年 7 月中共中央办公厅、国务院办公厅就甘肃祁连山国家级自然保护区生态环境问题发出通报以来，祁连山存在的违法违规开矿、水电设施违建、偷排偷放、整改不力等行为得到了彻底改变。人类活动对祁连山的大面积破坏，始自 20 世纪 60 年代，从早期的森林砍伐、盗伐到 20 世纪 80 年代的矿山开采，再到 90 年代以后的小水电开发和旅游开发，人类活动由点到面、由弱到强，与祁连山开发相关的社会经济行业在地方政府财政收入占比越来越大。当前，"五位一体"的生态文明建设关系中华民族发展的千年大计，针对"山水林田湖草"生命共同体的生态系统整体保护、系统修复、综合治理正在全面开展，如何系统揭示祁连山人类活动的发展演化规律、精确监测环保督察以来祁连山违法违规人类活动变化的强度与质量、准确评价人类活动对生态系统服务功能的影响、全面量化评估环境整治对生态资产与社会经济的影响等工作，是祁连山生态环境长期保护、绿色发展的基础和关键（李新等，2019）。

据此，在第二次青藏高原综合科学考察研究的框架下开展祁连山人类活动变化与影响的科学考察工作，聚焦祁连山 20 世纪 80 年代以来的人类活动变化与今后的社会经济绿色发展。综合运用卫星遥感、无人机监测、野外考察、社会经济调查等方法，精确定量揭示人类活动的类型、面积、范围、质量及对生态环境的影响，准确评估生态环境治理的社会经济短期损失和长期生态效益，提出生态生计双赢的可持续发展策略。"祁连山人类活动变化与影响"科学考察由中国科学院青藏高原研究所牵头，联合中国科学院西北生态环境资源研究院、中国地质大学、兰州大学等多家科研院校的优势力量开展，围绕人类活动影响与环境安全关键任务，借助遥感、生态环境、生态经济等专业领域的前沿理论、模型、算法和技术，以祁连山"山水林田湖草"系统生态保护修复和祁连山国家公园建设为契机，谋划生态与生计双赢的绿色发展策略，推进祁连山生态文明建设与制度改革的重大实践。

1.1.2 国家政策背景

2013 年习近平总书记在《关于〈中共中央关于全面深化改革若干重大问题的决定〉

的说明》中指出"山水林田湖是一个生命共同体，人的命脉在田，田的命脉在水，水的命脉在山，山的命脉在土，土的命脉在树"。这一论述为生态环境保护作出了全新的阐述、形象的判断和科学的指导。2015 年中共中央、国务院印发的《生态文明体制改革总体方案》中明确了"树立山水林田湖是一个生命共同体的理念，按照生态系统的整体性、系统性及其内在规律，统筹考虑自然生态各要素、山上山下、地上地下、陆地海洋以及流域上下游，进行整体保护、系统修复、综合治理，增强生态系统循环能力，维护生态平衡"的具体要求。为落实中共十八届五中全会提出的"筑牢生态安全屏障，坚持保护优先、自然恢复为主，实施山水林田湖生态保护和修复工程，开展大规模国土绿化行动，完善天然林保护制度，开展蓝色海湾整治行动"的具体部署，2016 年 9 月财政部、国土资源部和环境保护部联合印发《关于推进山水林田湖生态保护修复工作的通知》，决定在国家重要生态屏障区、国家公园试点区、重点战略水源涵养区选取具有全国性和区域性重大影响的区域，加快推进山水林田湖生态保护修复试点工程工作。2017 年中央全面深化改革领导小组第三十七次会议再次强调"坚持山水林田湖草是一个生命共同体，对相关自然保护地进行功能重组，理顺管理体制，创新运营机制，健全法律保障，强化监督管理，构建以国家公园为代表的自然保护地体系"。祁连山作为我国西部重要的生态安全屏障，受到党中央、国务院的高度重视。国务院在 1980 年将祁连山水源涵养林确定为国家重点水源涵养林区；2008 年，在环境保护部、中国科学院联合发布的《全国生态功能区划》中，将祁连山区确定为水源涵养生态功能区，将"祁连山山地水源涵养重要区"列为全国 50 个重要生态服务功能区域之一；2017 年，中央全面深化改革领导小组第三十六次会议审议通过了《祁连山国家公园体制试点方案》（图 1.1）。

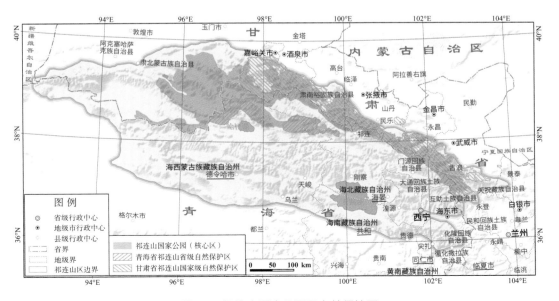

图 1.1　祁连山国家公园及自然保护区

1.1.3 祁连山概况

　　祁连山地区是"丝绸之路经济带"的核心区，也是中国与"丝绸之路经济带"沿线国家和地区基础设施互联互通的必经之地。祁连山位于我国西北，地处青藏高原、蒙古高原和黄土高原的交汇地带。祁连山是黑河、疏勒河、石羊河三大内陆河的发源地，也是黄河、青海湖的重要水源补给区，更是国家"十二五"规划纲要确定的青藏高原生态屏障、黄土高原—川滇生态屏障、北方防沙带的重要组成部分，素有"高原冰原水库"和"生命之源"之称（图1.2）（张强和杜志成，2016）。祁连山生态环境质量的好坏，对本区域及关联区域的人类福祉至关重要。

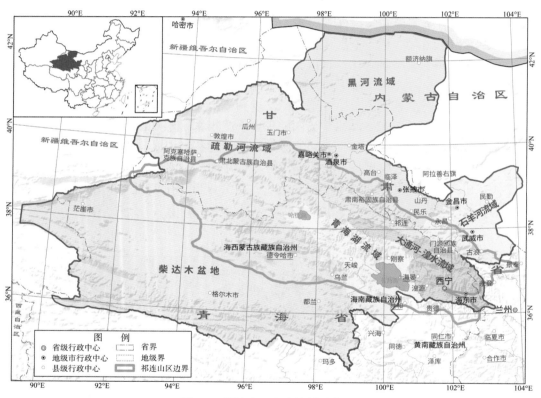

图1.2　祁连山及六大流域分布图

　　祁连山行政上地跨甘肃、青海交界，东起乌鞘岭的松山，西止青海、甘肃与新疆交界的当金山口，北达甘肃景泰金塔的北山，南到青海的贵德、共和，南北宽约400 km，东西长约1200 km，总面积约224100 km²。甘肃范围内涉及酒泉、张掖、武威、金昌和兰州5市，面积约76400 km²（卢颖，2020）。青海范围内涉及海北藏族自治州、海西蒙古族藏族自治州、海东市和西宁市，总面积约147700 km²。祁连山由于地处青藏高原与西北内陆干旱半干旱区的过渡地带，同时受到来自内蒙古高原的荒漠气候和青藏高原高寒气候的影响，形成了独特的大陆性高寒半湿润山地气候类型。高低起伏的地形特征，使得区域内水热组合差异显著，且表现出随海拔升高的垂直带性变化（李肖娟，2018）。祁连山年降水量为 400 ~ 700 mm，年平均气温为 0.55 ~ 0.59℃，多年平均年潜在蒸发量为 500 ~ 1100 mm，降水量具有东多西少、气温具有东高西低的空间分布特征（贾文雄，2008，2009）。复杂的自然地理环境使得祁连山植被种类繁多，均具有中纬度山地植被特征。地形引起的水热条件差异，具有明显的水平地带性和垂直地带性特征。除了丰富的植被资源，祁连山还具有同样丰富的动物资源，脊椎类动物有 200 ~ 300 种，以鸟类动物为主，兽类有 50 种左右，两栖动物较少（田春英，2018）。

1.1.4　祁连山人类活动问题

祁连山的人类活动历史悠久，可以追溯到新石器时期。长期以来，人类活动没有超出祁连山的生态承载能力。但自 20 世纪 60 年代以来，森林砍伐、盗伐，以及后来的矿山开采和小水电开发打破了祁连山人与生态的和谐关系，生态环境恶化问题凸显，生态安全成为威胁该地区可持续发展的重要因素（刘庄等，2006）。人类对祁连山生态环境的干扰破坏，主要表现在矿产资源开采、水电站建设、旅游开发和过度放牧等方面（图 1.3），由此带来了森林灌丛植被破坏、水质污染、河道流量减少、草地退化、动植物多样性减少等问题（车克钧等，1998）。

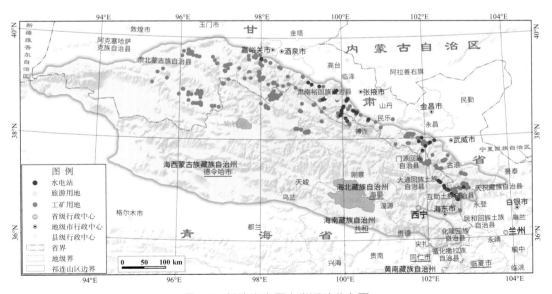

图 1.3　祁连山主要人类活动分布图

矿产资源过度开发利用，特别是违法违规开发矿产资源造成的无序、粗放的生产经营模式，给祁连山带来了显著的生态环境破坏。根据甘肃省相关政府部门提供的资料，20 世纪 90 年代以来，祁连山保护区范围内仅肃南裕固族自治县（简称肃南县）就有

532 家大小矿山企业。2017 年的环境保护专项督查中,祁连山自然保护区共设置 144 宗探矿权、采矿权,有 14 宗是在 2014 年 10 月国务院明确保护区划界后违法违规审批延续的,涉及保护区核心区 3 宗、缓冲区 4 宗。长期大规模的探矿、采矿活动,造成保护区局部植被破坏、水土流失、地表塌陷(王涛等,2017)。特别是露天开采剥离表土量大,不仅破坏原生态自然景观,掩埋地表植被,造成地表坍塌和水土流失,引发滑坡、泥石流以及山体塌陷等地质灾害(Masloboev et al.,2014),还产生有害废物废水,造成水质恶化和土壤污染(康庄,2010)。目前,保护区内 144 宗矿业权已全部停产停工,大部分探采矿项目已经退出。退出探采矿的区域,经过封堵探洞、回填矿坑、拆除建筑物以及覆土种草等矿山环境恢复治理措施,其地表变得平整,植被也正在逐渐恢复。

祁连山部分水电设施违法建设、违规运行,导致下游河段水生生态系统遭到破坏,这是祁连山生态遭受破坏的另外一个主要原因。祁连山冰川数量多,均属于较为稳定的大陆性冰川,年径流量波动小,较为丰富的水资源也使水利水电工程迅速发展起来。祁连山地区的水电站多数需要修建拦水坝,但在设计和运行阶段均未考虑生态流量,导致下游河段发生减水甚至断流现象,水生生态系统被严重破坏。拦水坝的拦截,使上游的泥沙、营养物质无法到达下游地区,导致下游湿地退化。发源于祁连山的黑河、疏勒河、石羊河三条河流是河西走廊的三条主要水系,沿这些河流的上游干支流先后建成了 46 座水电站。这些已建成的水电站,存在未按规定下泄生态流量的问题。除小孤山、杂木寺、神树 3 座水电站建有永久性泄流设施外,其余均未设置永久性泄流设施,未安装流量计量和监控设备。上游水电站建设和中游引水灌溉用水量的增加(Sang et al.,2014)导致黑河中上游径流量大幅减少,造成下游可用水资源匮乏,使得黑河下游的生态环境曾一度严重退化(Fu et al.,2008)。另外,人类活动带来的土地利用变化曾一度造成整个黑河流域的水环境变化,包括地表径流变化、地下水位降低以及水质恶化(Qi and Luo,2006)。目前,祁连山保护区涉及的相关水电站采取了关停、退出、有限开发、适度利用的不同处理措施。关停退出的水电站上游来水经引水枢纽全部下泄,保持河流天然流量,对水电站的拆除场地进行了平整覆土,确保无残渣和垃圾堆放、水体及环境无污染。后期按照"一站一方案"制订生态恢复实施方案。对已建成运行的水电站,可根据实际采取建设生态小机组、修建微小型堰坝等工程措施,恢复河流生态。特别在水电站周边,按照因地制宜、自然修复的原则,采取多种方式加快林草植被恢复,确保生态恢复。

过度放牧造成的祁连山草场生态环境退化趋势明显,是造成祁连山整体生态环境受影响的核心因素。例如,地处河西走廊中部、祁连山北麓的肃南县,是一个以牧为主的牧业县,随着牲畜数量的增加,草原资源的过度利用,目前草原"三化"问题严重,生态局部治理但整体呈退化的局面没有从根本上得到改变。整改前,祁连山国家级自然保护区内有 35 个乡镇共 14.2 万人,区域内农牧矛盾、林牧矛盾突出,垦荒种地、"掠夺性"放牧问题一直屡禁不止。超载放牧对草地的破坏更为直接,缺少了草皮的遮阴,仅几十厘米的腐殖质层蒸发量急剧增加,下伏的多年冻土将会加速退化,同时还会严重破坏草地土壤中碳、水和营养物质的循环（Unteregelsbacher et al.，2012）。

　　个别企业偷排偷放是加剧相关地区环境污染的直接因素。这些企业环保投入严重不足，污染治理设施缺乏，偷排偷放现象屡禁不止。巨龙铁合金有限公司毗邻保护区，大气污染物排放长期无法稳定达标，当地环境保护部门多次对其执法，但均未得到执行。石庙二级水电站将废机油、污泥等污染物倾倒河道，造成河道水环境污染。相关区域焚烧国家严令禁止的危险废弃物，污染了大气环境。诸如此类的环境投机行为，不仅严重破坏污染了局域的生态环境，随生态水文循环和大气环流输送更影响了大范围的生态环境质量。

　　生态环境突出问题整改不力是造成祁连山生态环境持续破坏的关键要素。其具体包括两个方面：一方面是持续的采矿探矿破坏、无序的水电水资源利用、无所顾忌的偷排偷放；另一方面是单纯追求 GDP 增长目的下对这些破坏性人类活动的疏于管理和纵容包庇。习近平总书记多次就祁连山生态环境破坏及其修复治理做出批示。但 2016年 11 月 30 日至 12 月 30 日，中央第七环境保护督察组对甘肃祁连山国家级自然保护区进行环境保护督察，发现祁连山仍然存在严重的生态破坏现象。鉴于此，必须加强对祁连山相关管理机构的监督，结合高分辨率卫星、无人机等高效、先进的生态环境监测手段，一方面可精细监测人类活动对生态环境的影响，另一方面可以督促生态环境监管机构的工作。

1.1.5　国家重锤整治

　　2000 年以来，祁连山地区生态环境持续恶化。2015 年 7 月，国家林业局发起"绿剑行动"，将甘肃祁连山国家级自然保护区列入重点监督检查名单，对 38 个项目和设施进行了实地检查验收、对利用遥感技术监测到的 31 个疑似人为活动斑块进行抽查、对保护区内迫切需要建设的民生项目进行考察。2015 年 9 月，环境保护部和国家林业局就祁连山自然保护区存在的突出问题，约谈了甘肃省相关部门，随后各相关部门针对矿产资源开发、水电设施建设、旅游设施未批先建、保护区草场过度放牧及其他等五个生态环境问题分别制定"整治方案"。

　　2016 年查清和解决"约谈纪要"中涉及的问题。主要内容有对 290 个人类活动斑块进行确认，对已经停止建设的项目和废弃场地进行恢复治理，对过度放牧地区实施减畜，修订《甘肃祁连山国家级自然保护区管理条例》，并加强保护区的管理力度。但是修复治理效果较差，生态环境破坏情况仍然存在，整体情况并未好转。

　　针对祁连山生态环境保护的突出问题，党和国家领导人多次做出重要批示，2017年初，中央督察组就祁连山地区生态环境不断恶化的情况开展专项督查行动。同年 7 月，中共中央办公厅、国务院办公厅就甘肃祁连山国家自然保护区生态环境问题发出通报，通报指出四项主要问题：一是违法违规开发矿产资源问题严重；二是部分水电设施违法建设、违规运行；三是周边企业偷排偷放问题突出；四是生态环境突出问题整改不力。并指出上述问题产生的根本原因是甘肃省及有关市县思想认识有偏差，没有将党中央决策部署落到实处，立法层面出现"放水"现象，监管力度不足等。随后，甘肃省相关部门进行反思，进一步分析问题产生的根源，将思想和行动与党中央决策部署统一，真抓实干，着重监督重点保护区和薄弱环节。截至 2018 年，全面清理退出已设置的矿业权，推进矿山环境恢复治理，停止自然保护区核心区、缓冲区、实验区所有矿业权新设，取缔保护区内所有非法探采矿活动，对保护区内的矿业权实行"一矿一策"，对试验区的水利设施项目进行规范清理整顿，对旅游项目进行科学评估规范整顿，严格划定祁连山生态保护红线，建立长期有效的管理体制，设立生态补偿机制（图 1.4）。针对"放水"现象，及时复查和修订与国家上位法存在不一致的所有政策、法规，修改《甘肃祁连山国家级自然保护区管理条例》，"举一反三"彻底排查省内其他自然保护区的生态环境问题。为了理顺和改革祁连山生态系统保护和综合治理的体制机制，中央全面深化改革领导小组第三十六次会议审议通过了《祁连山国家公园体制试点方案》。

图 1.4 祁连山人类活动重锤整治关键时间点

1.1.6 生态保护与恢复治理

祁连山地区水源涵养功能显著、生物多样性丰富、生态保护任务繁重、生态系统敏感而脆弱（赵传燕等，2002；靳芳等，2005；汤萃文等，2012；汪有奎等，2013），是我国重要的生态屏障区、水源涵养区，过去传统理念的制约、自然资源的粗放式利用和社会经济活动的加剧，导致区域景观破碎、植被退化、水源涵养能力下降、各类生态服务功能降低等一系列突出的生态环境问题。面对日益严重的生态问题和环境问题，中共十八届五中全会提出"筑牢生态安全屏障，坚持保护优先、自然恢复为主，实施山水林田湖生态保护和修复工程，开展大规模国土绿化行动"的具体部署。党的十九大报告再次指出，"建设生态文明是中华民族永续发展的千年大计""统筹山水林田湖草系统治理，实行最严格的生态环境保护制度，形成绿色发展方式和生活方式，坚定走生产发展、生活富裕、生态良好的文明发展道路"。因此，针对生态退化区域，国家相继组织开展了一系列生态恢复与建设重大工程（Liu et al.，2016），山水林田湖草生态保护修复试点工作有序展开。2016 年和 2017 年，甘肃祁连山区和青海祁连山区先后被确定为国家第一批山水林田湖生态保护修复试点，打造山水林田湖草生命共同体，切实保障区域和国家生态安全。

2017 年 6 月中央全面深化改革领导小组第三十六次会议通过了《祁连山国家公园

体制试点方案》，将大部分祁连山国家级自然保护区划分为祁连山国家公园。2018 年 10 月成立祁连山国家公园管理局，12 月设立"环境资源保护巡回审判法庭"，2019 年 3 月完成《祁连山国家公园管理条例（初稿）》，为祁连山国家公园提供更加完善的法律法规，加大法律保护力度。因此，开展祁连山综合科学考察研究是落实祁连山生态善治的科学途径，对祁连山生态环境保护和祁连山国家公园建设具有重要意义。

1.2　科学考察目标与关键问题

1.2.1　科学考察目标

坚持"统筹兼顾、整体施策、多措并举，全方位、全地域、全过程开展生态文明建设"的指导原则，聚焦祁连山 20 世纪 80 年代以来的人类活动变化与今后的社会经济绿色发展，基于卫星遥感、无人机监测、野外考察调查精确定量人类活动的面积、分布及影响范围，并揭示其对生态环境质量的影响，准确评估生态环境治理的社会经济短期损失和长期生态效益，提出生态与生计双赢的可持续发展策略，为祁连山"山水林田湖草"系统生态恢复工程、区域生态补偿等提供科学依据、数据支撑和政策建议。

1.2.2　关键问题

问题 1：对工矿、水电、旅游等人类活动的数量有较详细掌握，但对其发展进程和环境质量影响没有摸清，其反弹情况也亟须精准监测。

问题 2：对环境生态治理的经济影响只有粗略估计，亟须制定生态与生计双赢的绿色发展策略。

第 2 章

祁连山人类活动科学考察
设计与执行概述

2.1 科学考察总体设计

基于科学考察目标和面临的关键问题，从精确考察监测祁连山人类活动变化和全面准确评估生态生计损失与效益入手，采用卫星遥感、无人机监测、野外实地考察、社会经济调查相结合的天空地一体化精细监测综合技术手段，面向人类活动及生态环境治理对生态环境恢复和地方社会经济发展的影响评价，以祁连山绿色发展目标下的生态与生计双赢为指导，开展祁连山人类活动变化与影响的科学考察工作（图 2.1）。

图 2.1　祁连山人类活动科学考察总体设计

第一，开展祁连山北坡与河西走廊、祁连山南坡与柴达木盆地区矿山开采、水电开发、旅游开发、过度放牧等人类活动的精细调查，发挥卫星遥感大尺度、长时间、多周期的技术优势，利用无人机正摄影像、激光雷达、高光谱等监测技术，精细考察监测人类活动的面积、范围、强度和质量变化，分析生态环境治理对生态环境的影响。

第二，利用生态系统服务集成模拟模型，结合区域生态环境治理前后的土地利用数据，分析祁连山生态环境治理后的生态系统服务增量。针对区域采矿、水电、旅游行业典型企业开展环境经济核算抽样调查，结合统计数据与国家污染源普查数据，核算治理后污染物减排带来的环境效益并综合分析祁连山治理的生态环境效益。

第三，收集研究区县域尺度统计年鉴及行业公报，开展生计模式入户问卷调查。对比治理前后统计数据，分析区域生态环境治理对区域宏观经济发展的影响。核算研究区农牧户自然资本、物质资本、金融资本、人力资本和社会资本构成，形成祁连山农牧民生计资本与生计模式基础数据，梳理生态治理对当地农牧民生计的影响过程，分析生计风险变化。

第四，面向祁连山生态系统服务价值的远程耦合特征，通过全国范围的网络问卷调查获取各地居民保护祁连山生态环境的支付意愿，核算面向远程耦合的祁连山生态系统服务全域价值。

第五，基于生态环境监测与评估结果，结合区域发展实际问题，提出生态与生计双赢的绿色发展策略，为祁连山"山水林田湖草"系统生态恢复工程、区域生态补偿等提供科学依据、数据支撑和政策建议。

2.2　科学考察方法概述

以祁连山人类活动变化与影响为主线，采用先进、主流、经典的监测、核算和评估方法及模型（图 2.2），开展了典型人类活动卫星遥感 – 无人机 – 地面调查相结合的天空地一体化精细监测、局域生态系统服务价值核算、环境问题和局域环境效益核算、局域经济损失核算和面向远程耦合的全域生态系统服务价值核算。

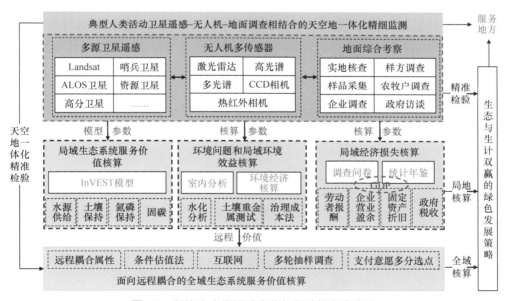

图 2.2　祁连山人类活动变化与影响的考察方法

典型人类活动卫星遥感 – 无人机 – 地面调查相结合的天空地一体化精细监测：基于多源卫星遥感数据，采用面向对象的自动分类和人工目视相结合的方法，开展祁连山重点区域长时间、全要素人类活动范围、类型、数量和治理前后生态环境质量变化的精细监测。在卫星遥感宏观监测基础上，根据分区特点和人类活动分类，选取典型性人类活动开展无人机激光雷达、高光谱、热红外相机、电荷耦合器件（charge coupled device，CCD）相机相结合的多传感器精细化监测，通过参数反演、计算机建模等技术，提取矿山三维结构、植被指数等特征参数，精准检验人类活动干扰下生态环境的治理成效。

局域生态系统服务价值核算：在全要素、精细的人类活动精准监测基础上，采用目前国内外生态系统服务核算主流模型——InVEST 模型，基于祁连山土地利用、气象等数据，对水源供给、土壤保持、氮磷保持、固碳等区域重要生态系统服务开展综合模拟，并利用替代成本方法对生态系统服务机制进行评估，分析区域生态环境治理对生态系统服务供给能力的影响。

环境问题和局域环境效益核算：选取典型矿山区域，开展实地调研，采集矿山开发影响区域的土壤和水体样品，通过水化分析和土壤重金属测试，分析祁连山典型人类活动对区域水体、土壤环境的影响。参考《全国第一次污染源普查公报》等目前已有的污染物排放强度分析结果，结合区域治理前后的采掘业工业产品生产情况，利用影子工程法、成本替代法等普及度高、操作性强的价值化方法，核算区域矿产资源开发量减少带来的污染物减排效益，表征治理带来的局域环境效益。

局域经济损失核算：基于祁连山内主要行政区域的社会经济统计数据和行业调查数据，核算祁连山重点区域治理后关键行业的经济损失，分析区域经济总体受影响情况。进一步结合区域入户调查问卷结果，采用"可持续生计框架"（sustainable livelihoods approach，SLA）计算自然资本、金融资本、物质资本、人力资本和社会资本，核算区域内各县区生计资本情况，分析区域生计资本特征及目前面临的主要生计风险。

面向远程耦合的全域生态系统服务价值核算：采用条件估值方法，基于全国范围的互联网调查，获取各省区居民对祁连山生态系统服务价值的支付意愿抽样数据，结合各省区人口数据，核算祁连山区的生态系统服务价值。

2.3 考察路线与重点区域

根据科学考察目标和内容，祁连山人类活动变化与影响考察队共分为 4 个组，对祁连山南坡与柴达木盆地区、祁连山北坡与河西走廊区的人类活动进行了综合考察，主要考察内容有人类活动变化与影响、土地利用变化验证、绿色发展调查，具体考察路线见图 2.3。

总体协调组由中国科学院青藏高原研究所李新研究员带队，科学考察队员有中国科学院西北生态环境资源研究院祁元、宋晓谕和王宏伟，他们对刚察县江仓一号井修复等人类活动点的破坏情况、修复治理方案、工程实施参数进行了详细考察，并走访了甘肃省环境监测中心站、甘肃祁连山国家级自然保护区管理局、青海省祁连山自然保护区管理局、青海省生态环境遥感监测中心，重点介绍了青藏高原第二次科学考察背景，达成了考察合作协议。

人类活动变化与影响组由中国科学院西北生态环境资源研究院祁元副研究员带队，科学考察队员有中国科学院西北生态环境资源研究院汤翰、张金龙、王宏伟，中国地

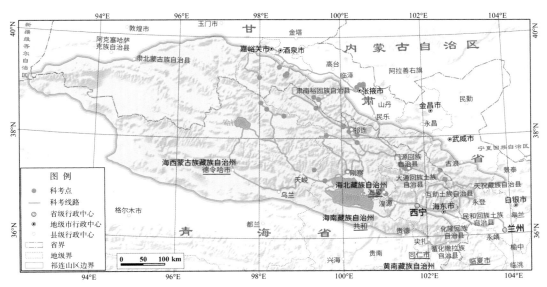

图 2.3　祁连山人类活动变化与影响的考察路线与科学考察点

质大学王广军、补建伟等，第一阶段考察于 2018 年 9 月 26 日开始，历时 8 天，主要开展祁连山南坡与柴达木盆地矿山开采、水电开发、旅游设施、过度放牧无人机精细调查和样方调查，以及西宁市、海东市、海北藏族自治州、海南藏族自治州、海西蒙古族藏族自治州等政府部门基础数据收集与资料调研。第二阶段考察于 2018 年 10 月 7 日开始，历时 9 天，完成了祁连山北坡与河西走廊区域 12 个生态环境治理点的无人机精细调查和样方调查（附表 1）。

土地利用变化验证组由兰州大学焦继宗高级工程师带队，科学考察队员有兰州大学年雁云副教授等。分两个阶段重点对祁连山南坡与柴达木盆地、祁连山北坡与河西走廊的土地利用变化进行了野外验证（附表 2）。

绿色发展调查组由中国科学院西北生态环境资源研究院宋晓谕副研究员带队，科学考察队员有中国科学院西北生态环境资源研究院郭建军、兰州大学邓晓红等。为了系统了解祁连山农牧民当前的主要生计模式，以及各类生计资本存量，分析祁连山生态环境治理对区域生态环境及农牧民生计的影响。科学考察队于 2018 年分三次开展了祁连山农牧民生计调查，收集了大量一手基础资料，为开展相关分析打下了良好基础。为了全面反映调查区域特征，在调查区域选择时兼顾了农区、牧区以及农牧交错区域。在采样中采用随机采样方法，确保数据的真实性。累计投入人力 480 人·天，对祁连山南北坡 6 个市（州）、17 个县（市、区）开展了入户调查，获取第一手有效调查问卷 689 份，收集统计年鉴、地方志等资料 100 余册（附表 3）。此外，为了解祁连山生态环境治理对于区域经济的影响情况，专门安排一个小分队对青海祁连山区关停的采矿企业的损失情况进行了深度访谈，获取了企业与员工损失情况的一手数据。该分队于 9 月 25 ～ 30 日在青海省门源回族自治县（简称门源县）、刚察县、德令哈市开展调研，获得工业生产统计数据 8 本，共走访采矿企业 4 家（附表 4）。

2.4　考察任务与分工

2.4.1　人类活动变化与影响组

在祁连山人类活动调查与监测方面，系统梳理出了矿产开采、水电开发、旅游活动、生态修复工程实施点等人类活动，开展了基于高分系列卫星、资源系列卫星、商遥系列卫星的人类活动监测，并结合历史遥感数据，全面提升生态环境保护区域人类活动监测的定量化和精细化水平，为人类活动影响及生态响应分析奠定了精细的卫星监测数据基础。为摸清人类活动变化规律和实施生态环境修复工程提供重要数据支撑，从定量的角度监测人类活动时空动态变化趋势，实现人类活动遥感监测、人类活动实地核查、人类活动影响程度评价。祁连山人类活动变化与影响组主要分两个阶段进行，他们考察不同人类活动类型点 51 个，其中祁连山南坡与柴达木盆地人类活动点 39 个，祁连山北坡与河西走廊人类活动点 12 个，采集矿山废水水样 21 份，典型金属矿山土壤样 19 份。

2.4.2　土地利用变化验证组

开展了祁连山南坡与北坡区域土地利用数据验证野外考察，主要在河湟谷地、柴达木盆地东北边缘、疏勒河流域上中游、黑河上中游和石羊河上中下游地区进行，使用全球定位系统（global positioning system，GPS）记录考察路线及各考察样本点的地理位置，记录考察样本点的地理环境，对现有土地利用数据进行精度验证，并修正数据，验证点总计 1026 个。较为全面地在祁连山南麓、北坡及腹地开展了土地利用数据验证，建立了祁连山土地利用类型野外样本库。

土地利用数据来源于中国科学院的"中国 1∶10 万土地利用数据"，该数据是以 Landsat TM/ETM/OLI 遥感影像为主要数据源，通过人工目视解译生产制作的。土地利用类型包括耕地、林地、草地、水域、居民地和未利用土地 6 个一级类型以及 25 个二级类型。本次使用数据包括 20 世纪 70 年代末、20 世纪 80 年代末、2000 年、2005 年、2010 年和 2015 年 6 期。根据野外的验证数据对以上 6 期数据进行修正。采用分层抽样法，每个土地利用类型样点数不少于 20 个，通过影像判读结果与修正后的矢量数据类别的对比，进行精度评估，修正后的数据精度达到了 89.26%，Kappa 系数为 0.8864。表明修改后的土地利用数据准确可靠。基于多期土地利用数据，从数量变化和空间差异两个角度，分析了 20 世纪 70 年代至 2015 年祁连山地区土地利用变化特征。

2.4.3　绿色发展调查组

2018 年 6 月 11～26 日开展了青海祁连山区农牧民生计与环境满意度调查，分三组对祁连山南麓青海省海北藏族自治州的祁连县、门源县、刚察县、海晏县，海西蒙古族藏族自治州的德令哈市、天峻县、大柴旦行政委员会，西宁市大通回族土族自治县（简称大通县），海东市互助土族自治县（简称互助县）、乐都区、民和回族土族自治县（简称民和县）开展资料收集与入户调查，获取上述区域市、县两级年鉴、地方志等资料 60 余册，发放问卷 436 份，回收有效问卷 380 份，回收有效率 87.16%（附表 5）。

2018 年 9 月 25～30 日开展了甘肃祁连山区武威段农牧民生计资本与环境满意度调查，先后在武威市天祝藏族自治县（简称天祝县）、古浪县开展调查。并于 2018 年 10 月 9～22 日开展了张掖市肃南县、山丹县、民乐县和酒泉市肃州区的相关调查。甘肃祁连山区调查总计获取市、县两级统计年鉴、地方志等资料 40 余册，累计发放调查问卷 308 份，回收有效问卷 275 份，回收有效率为 89.29%（附表 6）。

2018 年 12 月 1 日至 2019 年 3 月 27 日，面向祁连山全域生态系统服务价值核算需要，利用社交软件开展了祁连山生态系统服务价值支付意愿互联网问卷调查，先后实施三轮调查，总计获取有效问卷 4120 份（附表 7）。

第 3 章

祁连山人类活动精细监测及局域
生态系统服务价值核算

3.1 祁连山人类活动变化与影响的天空地一体化精细监测

3.1.1 考察方法

多源卫星遥感长时序、全域综合监测方法：人类活动变化反映了一定时期内祁连山土地资源开发利用的速率、幅度、范围、变化类型、空间分布等特点，是进行祁连山局域生态系统服务功能、环境经济核算、社会经济影响等分析和评级的基础（图 3.1）。

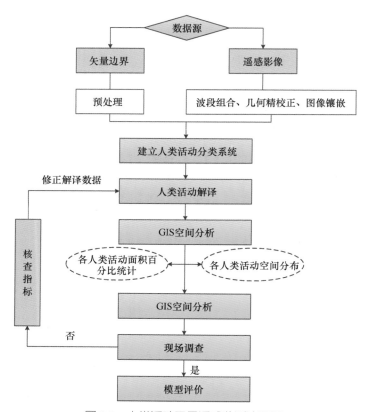

图 3.1 人类活动卫星遥感监测流程图

其具体的研究方法：①人类活动变化分析遥感数据源。通过对最早开展地球资源宏观观测的美国国家航空航天局（National Aeronautics and Space Administration，NASA）相关数据网站的搜索，祁连山人类活动变化与监测的历史时期（1985 ～ 2010 年）遥感影像主要选用的是美国陆地卫星 Landsat 的 MSS 和 TM 数据，季相为 6 ～ 9 月，云量小于 10%。生态环境治理前后（2016 年和 2018 年）的遥感数据以 2m 的高分一号、1m 的高分二号为主。②遥感影像的预处理。在超算平台支持下，对遥感影像进行了相关的前期处理，主要包括图像读取、辐射校正、几何校正、正射校正、图像融合、图像镶嵌、自动配准、图像裁剪、投影转换、数据提取、数据转换等遥感卫星数据预处理过程。③人类活动分类遥感解译标志库建立。首先，将野外调查获取的具有 GPS 位置的典型人类活动照片、监测站点 GPS 位置，用 ArcGIS 软件生成 Albers 投影的矢量点文件，并链接对应的照片。然后，将链接照片的矢量点文件与精校正图像叠加，选取图像效果好的、典型的作为主要人类活动的目视解译判别标志，其他则作为参照判别标志。由此建立包括祁连山人类活动分类的遥感解译标志库。④祁连山人类活动分类系统。祁连山人类活动遥感调查分类系统，人类活动类型分为一级类居住用地、交通用地、工矿用地、旅游用地、水利设施用地和其他。其中，居住用地分为城镇用地和农村居民地 2 个二级类，交通用地分为国道、省道、县道、乡道、村道、专用道路和其他道路 7 个二级类，水利设施用地分为水电站、水库、水坝和坑塘水面 4 个二级类，其他分为房屋、恢复草地、裸地、其他人工硬表面和其他用地 5 个二级类。⑤人类活动分类人机交互遥感图像解译。依据人类活动分类遥感解译标志库、地形图、专题图、地图册、野外调查记录等目视解译辅助资料进行人机交互解译。⑥人机交互图像解译图斑标准。居民点及工矿用地最小图斑控制在 3×3 个像元，条形居民地最小宽度控制在 2×4 个像元，线状地物（道路、单线河流）宽度控制在 2 个像元。图斑勾画误差：图斑界线勾绘时，位置偏差小于相应遥感图像上的 1 个像元，最大不超过 2 个像元。城镇的定性准确率要求达到 95% 以上，其他人类活动类型要求达到 90% 以上。边缘提取精度不能大于 ±(1 ~ 2) 个像元，特殊地物可做 0.5 个像元的夸大处理。⑦遥感图像解译结果的质量控制、修编与拼接。首先，遥感图像解译结果检查首先采用自查和互查方式，在目视解译平台下进行第一次质量控制，并进行修编。然后，将人类活动遥感解译数据制成人类活动矢量面状图，然后用 ArcGIS 软件将彩色矢量面状图、边界线划、三维地形、合成图像叠加，并利用野外调查数据，进行第二次质量控制，并进行仔细地修编。最后，将满足精度要求的各单幅人类活动遥感解译数据进行接边拼接。接边完成后，两侧图斑定性应完全一致。

经过以上操作获得分类体系、解译规范相一致的祁连山 1985 年、1990 年、1995 年、2000 年、2005 年、2010 年、2016 年和 2018 年共 8 期人类活动数据。

无人机多传感器精细监测：利用无人机机载激光雷达、高光谱、CCD 相机等多传感器相结合的无人机监测体系，对生态环境重点区、重大环境工程影响区的典型人类活动类型开展无人机精细考察（图 3.2），通过参数反演、计算机建模等技术，提取矿山三维、植被覆盖度等特征参数，精准检验人类活动干扰下生态环境的治理成效。

地面核查与样地调查：针对祁连山人类活动全要素、长时间遥感解译结果，采用野外核查方法，对解译范围、属性等进行野外点验证，根据野外考察结果评价人类活动总体分类精度。

3.1.2　祁连山人类活动天空地一体化精细考察数据

卫星遥感数据：1985 ~ 2010 年人类活动监测采用云量小于 10%、影像质量好的

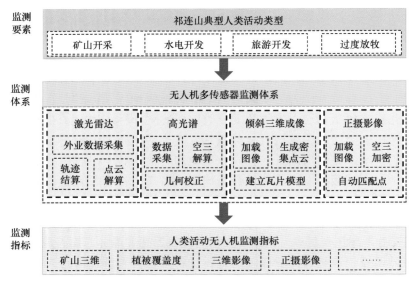

图 3.2 人类活动无人机精细考察流程图

Landsat 卫星遥感影像（附表 8 ～附表 12），2016 年和 2018 年采用云量小于 10%、影像质量好的高分系列、资源系列等卫星遥感影像（附表 13 和附表 14）。

无人机考察数据：在祁连山人类活动卫星遥感宏观监测基础上，按祁连山人类活动类型、分布特征选取典型人类活动进行无人机 CCD 相机、激光雷达的精细调查，调查点位为 47 个（附表 15）。

3.1.3 祁连山人类活动变化进程分析及生态环境治理精准检验

祁连山国家公园和甘肃祁连山国家级自然保护区是我国重要的生态功能区、西北地区重要的生态安全屏障和水源涵养地，是推进生态文明、构建国家生态安全屏障、建设美丽中国的重要载体，人类活动及其干扰会对其生态环境产生不同影响，定量化评价人类活动强度能够更加合理地认识生态环境演化的驱动力，对人类活动合理调控、生态环境问题预防、区域管理规划和政策制定具有重要意义，实现祁连山生态与生计双赢。为了定量评价人类活动发展进程及其对生态环境的影响，根据祁连山综合科学考察和人类活动变化监测需要，将祁连山重点区域人类活动划分为 6 个一级类、20 个二级类，通过人工目视解译提取了祁连山重点区域 1985 年、1990 年、1995 年、2000 年、2005 年、2010 年、2016 年和 2018 年 8 期人类活动分布（图 3.3）。一级类包括：居住用地、交通用地、工矿用地、旅游用地、水利设施用地和其他。其中，居住用地分为城镇用地、农村居民地 2 个二级类，交通用地分为国道、省道、县道、乡道、村道、专用道路、其他道路 7 个二级类，水利设施用地分为水电站、水库、水坝和坑塘水面 4 个二级类，其他分为房屋、恢复草地、裸地、其他人工硬表面和其他用地 5 个二级类（不同人类活动区遥感影像示例见图 3.4 ～图 3.11）。根据祁连山所在行政单元 [甘肃省

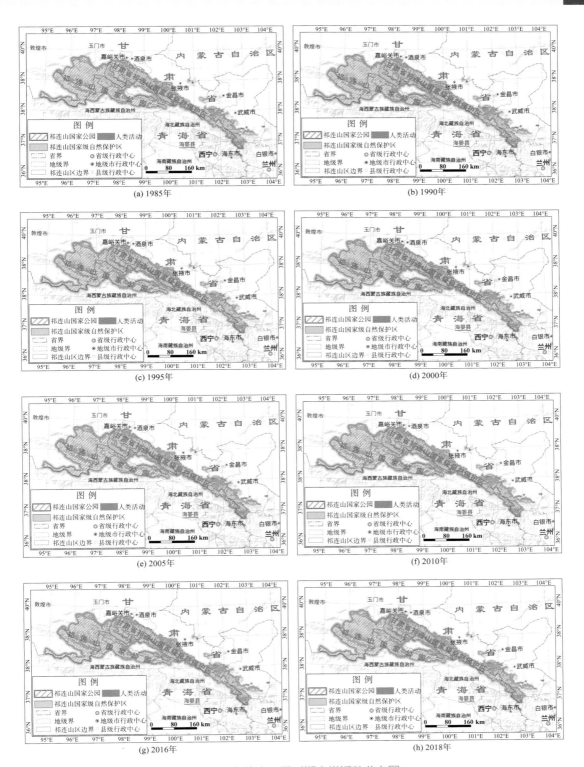

图 3.3　祁连山不同时期人类活动分布图

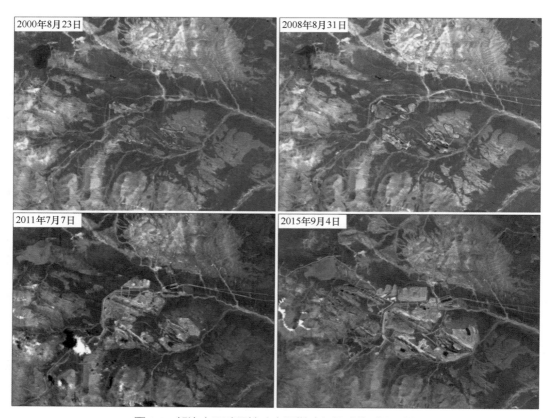

图 3.4 祁连山工矿用地（木里煤矿）遥感监测图示例

图 3.5 祁连山房屋、裸地、其他人工硬表面等其他类用地遥感监测图示例

的酒泉市肃北蒙古族自治县（简称肃北县）、武威市古浪县和天祝县、张掖市肃南县和中牧山丹马场、兰州市永登县，青海省的海北藏族自治州门源县和祁连县、海东市互助县、海西蒙古族藏族自治州天峻县]1985 年、1990 年、1995 年、2000 年、2005 年、2010 年、2016 年和 2018 年人类活动发展进程和分布特征，重点分析祁连山人类活动时间和空间变化进程。并对祁连山重点区域所在县级行政单元 1985 年、1990 年、1995 年、

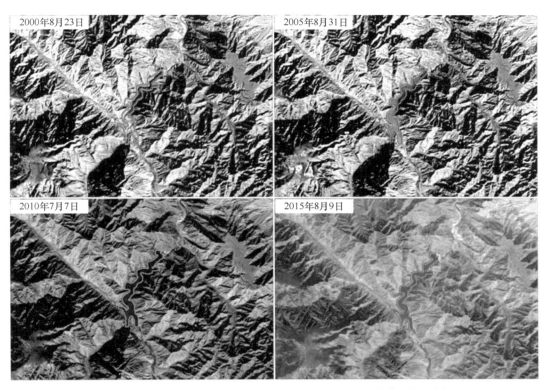

图 3.6　祁连山区水电站（龙首一级水电站）用地遥感监测图示例

图 3.7　祁连山水库用地遥感监测图示例

2000 年、2005 年、2010 年、2016 年和 2018 年不同时期工矿、旅游、水电站、水坝和水库 5 种不同类型人类活动图斑数量进行统计，分析人类活动强度变化。

图 3.8　祁连山旅游用地遥感监测图示例

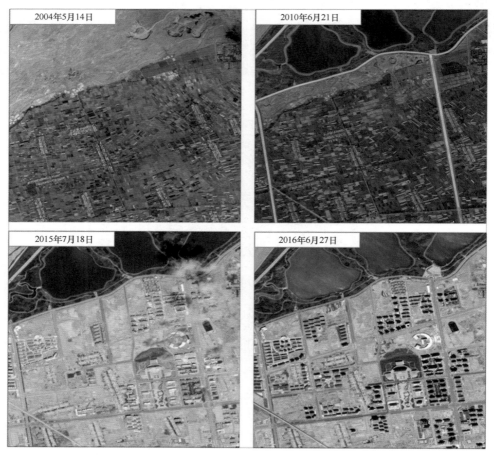

图 3.9　祁连山城镇用地遥感监测图示例

图 3.10　祁连山农村居民地遥感监测图示例

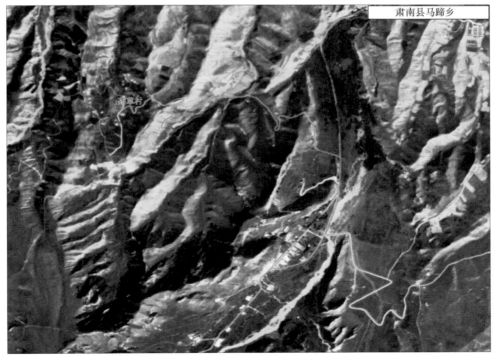

图 3.11　祁连山交通用地遥感监测图示例

道路作为工矿、旅游、水电等人类活动和地方经济发展的基础设施，能够间接地反映区域人类活动的强度。近年来人类活动进入快速发展时期，道路对生态环境影响显著，破坏原有景观的完整性，导致区域景观破碎化，生物多样性遭到严重威胁。为了进一步定量化分析道路对生态环境的影响，统计了各个县区 1985 年、1990 年、1995 年、2000 年、2005 年、2010 年、2016 年和 2018 年道路长度和区域面积，从而计算路网密度。

1. 祁连山人类活动时间变化序列变化分析

祁连山重点区域人类活动类型中，交通用地占地面积最大，其次是居住用地和工矿用地，其中工矿用地面积不同年份变化幅度更大，水利设施用地占地面积较小。截至 2016 年，各人类活动类型面积整体上呈增加趋势。对于 8 个不同年份，除了交通用地、水利设施用地和其他外，其他类型人类活动面积在 2016 年达到峰值。2018 年相比 2016 年，交通用地面积增加了 167.0 hm²，居住用地面积减少了 13.7 hm²，工矿用地占地面积减少了 586.1 hm²，旅游用地减少了 7.1 hm²，水利设施用地面积减少了 100.7 hm²。对比各类型人类活动变化，可以发现各类型人类活动面积随年份演变趋势存在一定差异，具体分析结果如下。

居住用地：居住用地面积在 1990 ～ 2005 年迅速增加，增加速度要明显大于其他时期（图 3.12）。其中，城镇用地面积 1985 ～ 2000 年随年份变化显著增加，后期面积变化不大，农村居住地面积 1985 ～ 2010 年随年份变化显著增加，后期持稳，2016 年居住用地面积最大，城镇用地面积和农村居民地面积分别达到 593.9 hm² 和 3969.1 hm²。

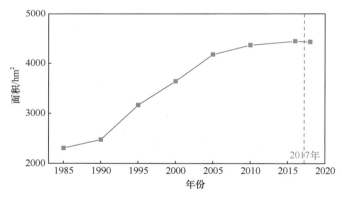

图 3.12　祁连山重点区域 1985 ～ 2018 年居住用地面积变化

交通用地：交通用地面积 1985 ～ 2000 年一直保持快速增加，在 2010 年交通用地面积陡然减少，随后又持续增加，在 2018 年面积达到最大值（图 3.13）。其中，省道和县道面积变化不大，2018 年省道和县道面积最大，分别达到 531.5 hm² 和 240.6 hm²，国道、乡道、村道、专用道路和其他道路在 2000 年之前有明显增加趋势，后期除了村道和其他道路呈不明显的波动增加趋势外，国道和乡道面积几乎保持不变。

工矿用地：工矿用地 1990 ～ 2005 年持续增加，1995 年相比前两个年份面积显著增加，后期变化幅度相对较小，在 2010 年工矿用地面积突然减少，2016 年工矿

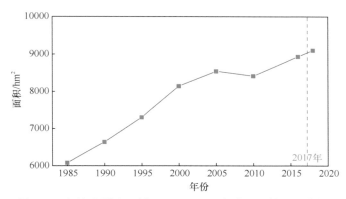

图 3.13　祁连山重点区域 1985 ~ 2018 年交通用地面积变化

用地面积又陡然增加，达到 6937.3 hm^2，2018 年相比 2016 年相应减少了 586.1 hm^2（图 3.14）。工矿用地图斑数量从 1985 年的 135 个点位不断增加到 2016 年的 628 个点位，2018 年相比 2016 年工矿点位减少至 425 个（图 3.15）。

旅游用地：旅游用地 1995 年相比前两个年份面积显著增加，后期变化幅度相对较小，在 2016 年旅游用地面积陡然增加，达到 28.3 hm^2，2018 年相比 2016 年相应减少

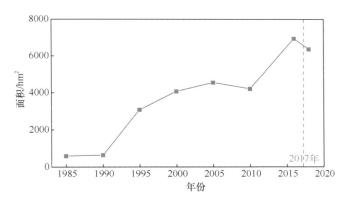

图 3.14　祁连山重点区域 1985 ~ 2018 年工矿用地面积变化

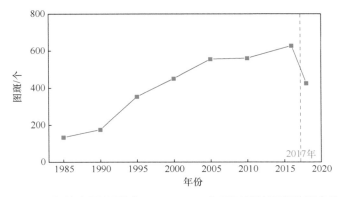

图 3.15　祁连山重点区域 1985 ~ 2018 年工矿用地图斑数量变化

了 7.1 hm²（图 3.16）。旅游用地图斑数量在 2016 年迅速增加，2016 年达到 37 个点位，2018 年相比 2016 年相应撤去了 9 个（图 3.17）。

水利设施用地：截至 2010 年，水利设施用地面积持续增加，之后减少（图 3.18）。其中，水库面积在 2010 年上升到 1443.2 hm²，在 2016 年和 2018 年又持续减少，水电站面积在 2005 年前面积不断增加，之后变化不大，2016 年水电站面积最大，为 75.1 hm²，水坝面积整体变化不大且呈略微增加趋势，水利设施用地的图斑数据与面积

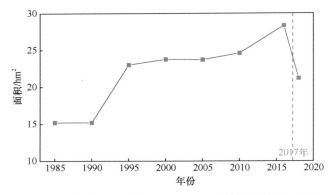

图 3.16　祁连山重点区域 1985 ～ 2018 年旅游用地面积变化

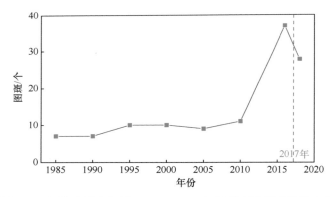

图 3.17　祁连山重点区域 1985 ～ 2018 年旅游用地图斑数量变化

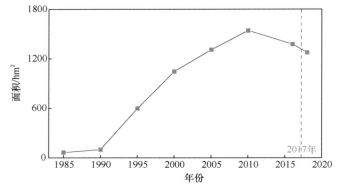

图 3.18　祁连山重点区域 1985 ～ 2018 年水利设施用地面积变化

变化较为一致（图 3.19）。水电站和水库点位均在 1995 年迅速增加，2016 年分别达到 59 个点位和 27 个点位，2018 年相比 2016 年相应减少了 8 个和 5 个点位；水坝点位数较少，变化不大，2018 年点位数达到 8 个。

其他：对于其他用地，整体上呈现增加趋势，2016 年面积减少（图 3.20）。裸地自 2016 年明显增加，其他人工硬表面在 1995 年已有明显增加，2018 年恢复草地面积达 31.7 hm²。

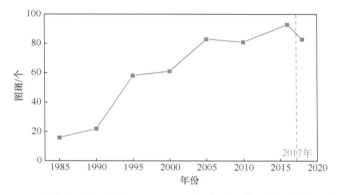

图 3.19　祁连山重点区域 1985 ～ 2018 年水利设施用地图斑数量变化

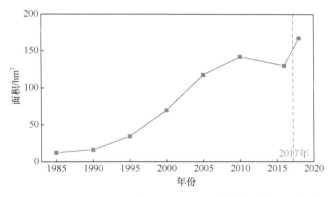

图 3.20　祁连山重点区域 1985 ～ 2018 年其他用地面积变化

路网密度：道路作为基础设施，对生态环境影响显著，采用路网密度指标评价祁连山重点区域道路发展规模和进程，祁连山重点区域道路路网密度总体比较小，但密度持续呈增加趋势，尤其是在 20 世纪 90 年代开始增加比较迅速，2005 年以后相对比较缓慢。祁连山重点区域所在各行政单元道路路网密度相差较大，其中永登县所在祁连山重点区域面积较少，但是道路比较密集，路网密度达 2.7 km/km² 以上；其次为古浪县和互助县，道路路网密度分布在 0.5 ～ 1.1 km/km²，互助县道路路网密度从 90 年代开始增加比较缓慢，2018 年路网密度为 1.06 km/km²，古浪县道路路网密度从 90 年代开始快速增加，2010 年之后增加比较缓慢，2018 年路网密度达 1.1 km/km²；其余各县道路路网密度集中在 0.1 ～ 0.5 km/km²，总体道路发展比较缓慢，路网密度增加速度较慢，天祝县路网密度在 90 年代开始一直处于增加趋势，从 1985 年的 0.39 km/km²

增加到 2018 的 0.55 km/km²，肃南县、肃北县、山丹县、门源县和祁连县路网密度从 90 年代开始增加，但是增加速度较缓慢，祁连县 1985 年路网密度为 0.18 km/km²，2018 年路网密度为 0.27 km/km²，由于天峻县土地面积占比较大，且大多区域人类活动较少，路网密度总体较小且增加缓慢，其 1985 年路网密度为 0.11 km/km²，2018 年路网密度为 0.19 km/km²（图 3.21）。

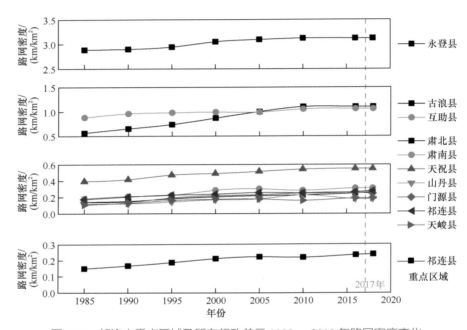

图 3.21　祁连山重点区域及所在行政单元 1985 ～ 2018 年路网密度变化

综上，从时间变化上分析祁连山重点区域 1985 ～ 2018 年人类活动变化可以得出：面积变化上，不同人类活动类型面积整体上不断增加，2010 年相比 2005 年交通用地和工矿用地面积突然减少，2016 年的土地开发利用强度最大，尤其表现在农村居民地建设、村道等道路建设、工矿用地建设、水电站及水库建设，2018 年相比 2016 年在居住用地规模上变化不大，交通用地面积有所增加，工矿用地面积明显减少，旅游用地面积有所减少，水电站占地面积有所减少，水库面积大幅减少，恢复草地面积达 31.7 hm²。数量变化上，2018 年相比 2016 年人类活动点位大幅度减少，尤其是工矿点位数量减少了 203 个，人类活动强度相比 2016 年明显减弱。

2. 祁连山人类活动空间变化分析

居住用地空间变化：从空间分布来看，祁连山重点区域居住用地主要分布在甘肃张掖市肃南县、武威市天祝县和青海海北藏族自治州祁连县（图 3.22）。其中，城镇用地面积大的变化主要发生在 1995 年和 2000 年。1995 年相比 1990 年增加的城镇用地按行政区划来分，主要分布在肃南县大河乡喇嘛湾村、天祝县哈溪镇古城村和安远镇安

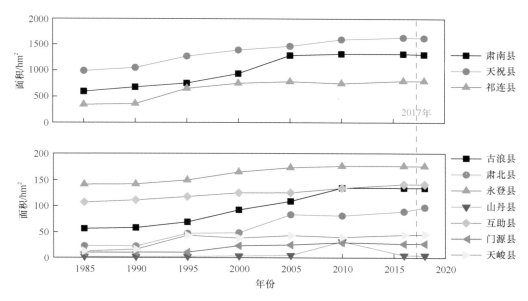

图 3.22　祁连山重点区域所在行政单元 1985 ～ 2018 年居住用地面积变化

远村、祁连县八宝镇。2000 年在 1995 年城镇用地的基础上，又进一步在肃南县大河乡喇嘛湾村、天祝县哈溪镇古城村、祁连县八宝镇扩展一批城镇用地。农村居民用地面积在各个年份都有一定的增加，自 2010 年增幅减少，2018 年相比 2016 年农村居住地面积有一点减少，减少的农村居民地主要分布在肃南县皇城镇和马蹄乡正南沟村、祁连县野牛沟乡和阿柔乡。

　　交通用地空间变化：从空间分布来看，祁连山重点区域交通用地主要分布在甘肃张掖市肃南县、酒泉市肃北县、武威市天祝县、青海海北藏族自治州祁连县和海西蒙古族藏族自治州天峻县，交通用地空间上的变化主要体现在甘肃张掖市肃南县和青海海北藏族自治州门源县（图 3.23）。国道面积变化主要发生在 1995 年、2005 年和 2018 年。1995 年相比 1990 年在天祝县安远镇新增了一条国道，该国道穿过安远镇安远村、大泉头村和柳树沟村。2005 年相比 2000 年在门源县皇城蒙古族乡新增了一条国道。2018 年相比 2016 年国道（始以张掖市民乐县南丰乡，终以祁连县峨堡镇）面积增加约 7 hm²。省道面积变化幅度很小，2018 年在 2016 年的基础上扩增面积 16.8 hm²。县道面积变化幅度同样很小，2018 年在 2016 年的基础上将张掖市民乐县南丰乡附近的县道延长。乡道面积呈现逐渐增加的趋势，2016 年相比 1985 年，天祝县石门镇南冲村内与古浪县黄羊川镇马圈滩村交界处增加了一条乡道，肃南县马蹄乡八个村增加了一条乡道，肃南县大河乡乡道面积增加了接近 50 hm²，此外肃州区金佛寺镇增加了一条乡道。村道在 2010 年前面积呈不断增加的趋势，2010 年村道面积接近 1985 年的两倍，2016 年村道面积有一定减少，减少的村道主要分布在张掖市肃南县祁丰乡和皇城镇以及肃州区的东洞乡和金佛寺镇多个乡镇，2018 年相比 2016 年变化不大。专用道路面积整体上呈增加的趋势，2016 年相比 1985 年增加的专用道路主要分布在肃南

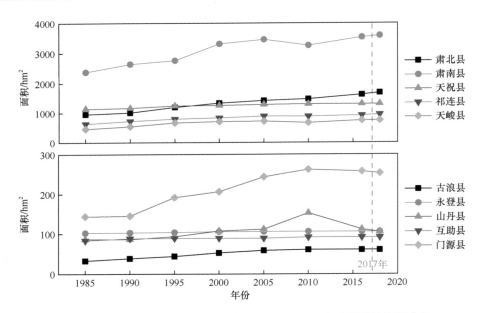

图 3.23　祁连山重点区域所在行政单元 1985 ~ 2018 年交通用地面积变化

县祁丰乡和皇城镇、祁连县野牛沟乡以及门源县仙米乡，2018 年和 2016 年相比变化不大。

工矿用地空间变化：从空间分布来看，祁连山重点区域工矿用地主要分布在海西蒙古族藏族自治州天峻县和张掖市肃南县，工矿用地空间变化重点体现在海西蒙古族藏族自治州天峻县、张掖市肃南县和青海海北藏族自治州祁连县（图 3.24）。

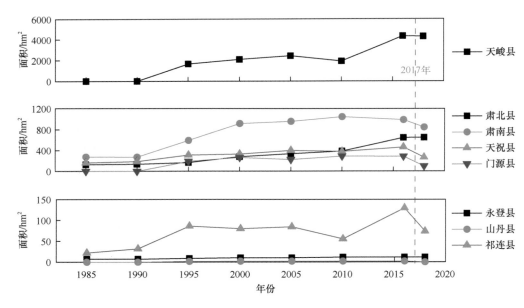

图 3.24　祁连山重点区域所在行政单元 1985 ~ 2018 年工矿用地面积变化

工矿用地面积变化在 1995 年和 2016 年非常显著，1995 年相比 1990 年增加了 2439.3 hm²，增加的工矿用地主要集中分布在肃南县祁丰乡、天峻县木里镇以及青海海北藏族自治州门源县仙米乡；2016 年相比 2010 年增加了 2746.1 hm²，增加的工矿用地主要分布在酒泉市肃北县石包城乡、肃南县祁丰乡、祁连县野牛沟乡、天峻县木里镇和苏里乡；2018 年工矿用地面积比 2016 年减少了 586.1 hm²，减少的工矿用地主要分布在肃南县祁丰乡和皇城镇、天祝县炭山岭镇和天堂镇以及哈溪镇和石门镇、祁连县央隆乡和野牛沟乡以及门源县仙米乡和珠固乡。

旅游用地空间变化：祁连山重点区域旅游用地分布在张掖市山丹县和肃南县（图 3.25）。旅游用地面积大的变化主要发生在 1995 年、2016 年和 2018 年，1995 年相比 1990 年在山丹县又增加了两块旅游用地，2016 年相比 2010 年在肃南县青龙乡康丰村和巴音村增加了多块旅游用地，2018 年在 2016 年的基础上撤去了青龙乡康丰村和山丹县的部分旅游用地。

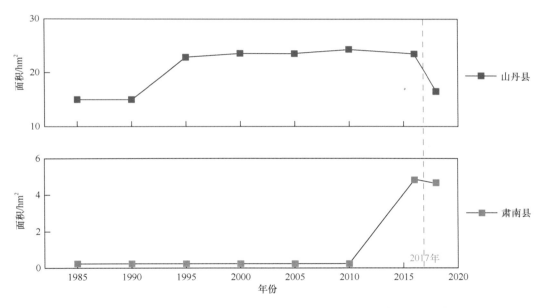

图 3.25　祁连山重点区域所在行政单元 1985 ～ 2018 年旅游用地面积变化

水利设施用地空间变化：祁连山重点区域水利设施主要分布在张掖市肃南县、张掖市山丹县、青海海北藏族自治州祁连县和武威市天祝县，水利设施变化主要体现在这四个县的水利设施面积变化。其中，水电站用地面积大的变化主要发生在 1995 年和 2005 年，在 2016 年面积最大，达到 75.1 hm²，2018 年面积略微减少。1995 年相比 1990 年在肃南县皇城镇河东村和东顶村交界处多了一处水电站，在皇城镇宁昌村和长方村各多了一处水电站；2005 年相比 2000 年在兰州市永登县赛拉隆乡塞拉龙村、天祝县石门镇公地、青海海北藏族自治州门源县珠固乡共多了四处水电站；2018 年相比 2016 年撤去了位于肃南县皇城镇河东村和东顶村交界处、皇城镇宁昌村和长方村共三处水电站，以及青海海东地区互助县加定镇一处水电站。水库面积在 1995 年陡增至 540.8 hm²，后期截至 2010 年水库面积一直增加到 1443.2 hm²，2016 年和 2018 年面积有所减少。2010 年相比 1995 年除了在祁连县八宝镇增添了一处水库外，肃南县大河乡西岔河村与西河村交界处水库、西岔河村与西岭村交界处水库、马蹄乡与青龙乡以及白银蒙古族乡交界处水库、皇城镇皇城村水库、民乐县李寨乡新天镇村水库、山丹县中牧山丹马场一分场水库以及武威市凉州区西营镇五沟湾村水库等面积均有所增加；2016 年肃南县马蹄乡与青龙乡以及白银蒙古族乡交界处水库、皇城镇皇城村水库、武威市凉州区西营镇五沟湾村水库范围有明显缩小；2018 年相比 2016 年民乐县国有公滩镇国有公滩村水库几近消失，山丹县中牧山丹马场一分场水库消失，武威市凉州区西营镇五沟湾村水库消失。水坝用地面积较小，面积变化较大的年份出现在 1995 年和 2018 年。1995 年肃南县皇城镇河西村增加了一处水坝；2018 年相比 2016 年，中牧山丹马场三分场增加了一处水坝。坑塘水面面积较小，面积变化较大的年份为 2000 年、2016 年和 2018 年，2018 年面积最大，为 24.8 hm²。2018 年相比 2016 年在肃南县白银蒙古族乡西牛毛村出现一处大面积的坑塘水面（图 3.26）。

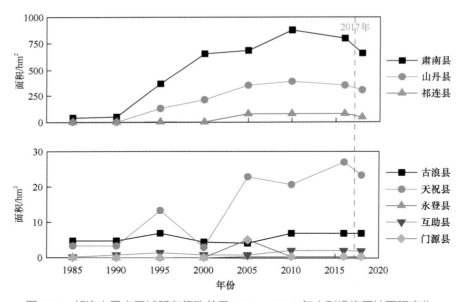

图 3.26　祁连山重点区域所在行政单元 1985 ~ 2018 年水利设施用地面积变化

此外，对于其他用地，2018 年在张掖市肃南县皇城镇、张掖市中牧山丹马场、金昌市永昌县东大河林场和青海省海北藏族自治州祁连县阿柔乡出现大面积恢复草地。

综上，从空间分布上分析祁连山国家公园 1985 ~ 2018 年人类活动变化可以得出：祁连山 1985 年、1990 年、1995 年、2000 年、2005 年、2010 年、2016 年和 2018 年 8 个不同年份不同人类活动的空间分布变化过程是不一样的，人类活动集中在甘肃省张掖市肃南县和民乐县、武威市天祝县、青海省海北祁连县和门源县、海西蒙古族藏族自治州天峻县。1985 ~ 2016 年，工矿用地、交通用地和水利设施用地面积急剧增加，

2018 年相比 2016 年，工矿用地面积减少明显，减少的工矿用地主要集中在肃南县、天祝县、祁连县和门源县，肃南县青龙乡康丰村旅游用地面积减少较多，肃南县皇城镇的水电站面积减少幅度较大。人类活动中工矿用地、旅游用地、水利设施用地面积及图斑数量 2016 ～ 2018 年陡然减少，甘肃祁连山区和青海祁连山区山水林田湖生态保护与修复试点项目成效明显，尤其是祁连山国家级自然保护区内的 144 宗矿业权已全部分类退出，42 座水电站已完成分类处置，21 个旅游设施已全面完成整改任务。

3. 过度放牧及对生态环境影响分析

过度放牧以青海湖流域为典型区，重点考察青海湖流域过度放牧变化及影响。从青海湖流域持续时间最长、影响最广、最为重要的生存方式——放牧行为入手，研究青海湖流域农牧业人口和草食牲畜数量的变化特点，进而探讨青海湖流域超载放牧的原因以及对生态环境破坏的时间演化特点。

1）青海湖流域环湖四县历年（1949 ～ 2017 年）农牧业人口数量及其变化

海晏县历年（1949 ～ 2017 年）农牧业人口数量及其变化如图 3.27 所示。除个别年份（如 1958 年以前）外，海晏县农牧业人口与年份具有较强的正相关性 [皮尔森（Pearson）相关系数 R^2 为 0.92]，即随着时间的推移，农牧业人口数量呈逐步上升的变化趋势。逻辑斯谛（Logistic）函数曲线拟合（R^2 为 0.92）也较好地反映了农牧业人口数量与时间的变化关系。

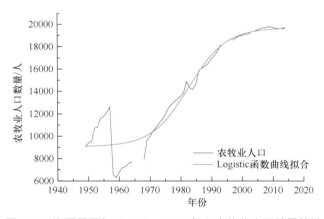

图 3.27　海晏县历年（1949 ～ 2017 年）农牧业人口数量统计

刚察县历年（1951 ～ 2017 年）农牧业人口数量及其变化如图 3.28 所示。除 20 世纪 50 年代末至 70 年代"三年困难时期"、知识青年上山下乡，以及 90 年代青海湖农场移交海北藏族自治州管理导致人口迁入迁出，出现较大的波动外，其他年份刚察县农牧业人口数量虽有小幅度波动，但整体呈上升趋势，即随着时间的推移，农牧业人口总量呈逐步上升的变化趋势。多项式曲线拟合（R^2 为 0.87）也近似地反映了这种变化关系。

天峻县历年（1949 ～ 2017 年）农牧业人口数量及其变化如图 3.29 所示。除个

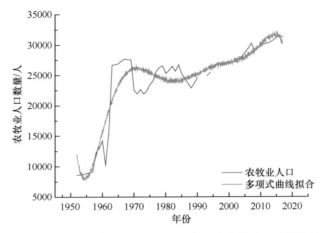

图 3.28　刚察县历年（1951～2017年）农牧业人口数量统计

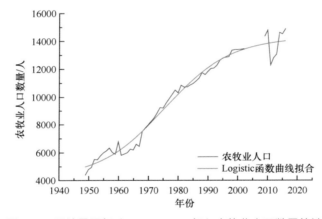

图 3.29　天峻县历年（1949～2017年）农牧业人口数量统计

别年份（如1960年前后和2012年前后）外，天峻县农牧业人口数量在1949～2011年整体呈上升趋势。Logistic 函数曲线拟合（R^2 为0.98）也直观地反映了这种变化特点。

共和县历年（1949～2017年）农牧业人口数量及其变化如图3.30所示。尽管共和县2003～2005年人口数量和2012年人口数量略有下降，但1949～2017年人口数量整体呈线性递增的趋势。线性拟合（R^2 为0.93）结果也证明了这种趋势。

青海湖流域环湖四县历年（1952～2017年）农牧业人口数量及其变化如图3.31所示。除个别年份（如1959年前后等）外，环湖四县农牧业人口数量随时间的推移整体呈波动增加的变化趋势（平均年增长率18.6%），人口数量与年份具有较强的正相关性（Pearson 相关系数为0.97）。Logistic 函数曲线拟合（R^2 为0.99）也直观地反映了这种变化特点。总体上看，青海湖农牧业承载人口压力仍较大。

2）青海湖环湖四县历年（1949～2017年）草食牲畜数量及其变化

海晏县历年（1949～2017年）草食牲畜数量及其变化如图3.32所示。1960年前后，

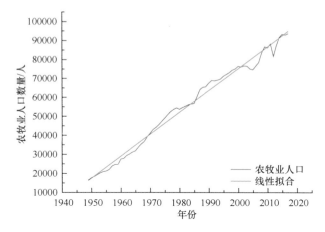

图 3.30　共和县历年（1949 ～ 2017 年）农牧业人口数量统计

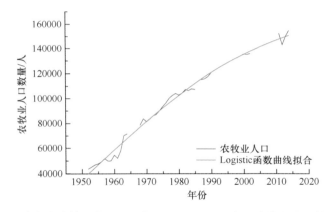

图 3.31　青海湖流域环湖四县历年（1952 ～ 2017 年）农牧业人口数量统计

海晏县标准羊数量波动巨大，推测其原因可能与"三年困难时期"有关。1961 年以后，标准羊数量呈上升趋势，至 1985 年，标准羊数量恢复至 1958 年水平，随后开始下降，并于 2007 年前后标准羊数量稳定在 700000 只左右。总体上看，标准羊数量与年份之前具有一定的正相关性（Pearson 相关系数 R^2 为 0.55）。

　　刚察县历年（1949 ～ 2017 年）草食牲畜数量及其变化如图 3.33 所示。1960 年前后，同海晏县类似，刚察县标准羊数量波动较大，推测其原因，可能同样与"三年困难时期"有关。1961 年以后，标准羊数量同样呈上升趋势。通过分析年份与标准羊数量之间的 Pearson 相关系数可知，年份与标准羊数量之间也具有较强的正相关性（R^2 为 0.92）。

　　天峻县历年（1951 ～ 2017 年）草食牲畜数量及其变化如图 3.34 所示。天峻县标准羊数量在 1951 ～ 1969 年整体呈上升趋势，1970 年和 1975 年标准羊数量突然减少，这是因为 1970 年和 1975 年遭受了严重雪灾；1978 年标准羊数量达到最大值；1978 年以后，天峻县提出牧业生产数量与质量并举，保持着草原载畜量和牲畜留栏数的基本平衡；1980 ～ 1985 年牲畜数量又减少；1986 ～ 2000 年牲畜数量在一定范围内波动

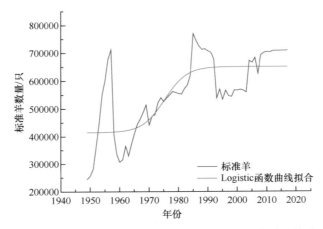

图 3.32　海晏县历年（1949～2017 年）草食牲畜数量统计

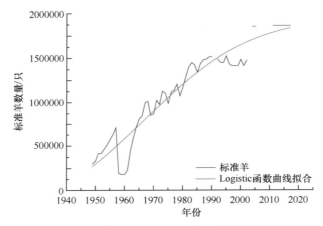

图 3.33　刚察县历年（1949～2017 年）草食牲畜数量统计

变化；2000 年以后，标准羊数量一直在下降，2015 年达到最低，2016～2017 年有轻微上升。三次方（cubic）曲线拟合能明显看出其趋势（R^2 为 0.92）。

共和县历年（1949～2017 年）草食牲畜数量及其变化如图 3.35 所示。1949～1993 年，尽管部分年份有小幅波动，但共和县标准羊数量整体呈现上升趋势，1993 年后，标准羊数量开始下降，并于 2004 年降至低值，其后上升，并于 2007 年达到峰值，而后又开始下降。

青海湖流域环湖四县历年（1951～2017 年）草食牲畜数量及其变化如图 3.36 所示。青海湖流域环湖四县标准羊数量在 1951～1989 年整体呈上升趋势，除了个别年份，如 1960 年左右标准羊的数量波动变化较大，推测与三年困难时期有关。其后波动性增加，并于 1989 年标准羊的数量达到最大值，之后开始下降，并于 2003 年降至低点，其后开始回升，并于 2010 年标准羊数量回升且略高于 1989 年的水平，但其后又开始显著下降，并一直持续到 2017 年。

综上，通过青海湖流域农牧业总人口和总草食牲畜数量变化的特点，发现青海湖

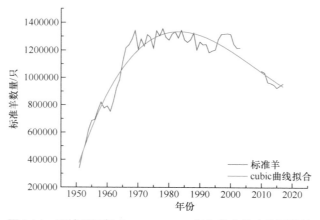

图 3.34　天峻县历年（1951 ~ 2017 年）草食牲畜数量统计

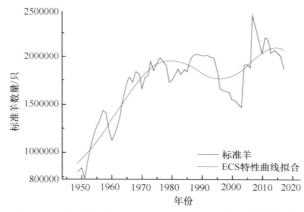

图 3.35　共和县历年（1949 ~ 2017 年）草食牲畜数量

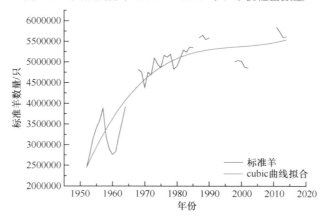

图 3.36　青海湖流域环湖四县历年（1951 ~ 2017 年）草食牲畜数量

流域农牧业总人口自 1949 年以来始终呈波动增加趋势，且增加幅度较大（平均年增长率 18.6%），青海湖农牧业承载人口压力较大，农牧业人口数量的增加导致人类为满足自身生存和提高生活质量而进行的放牧强度增大，草食牲畜数量也随之增加，草地生态环境开始趋向恶化，在不考虑自然因素影响的情况下，1989 年青海湖流域草地因超载放牧已经超过了其自身可修复的范围，1989 年成为青海湖流域实际承载草食牲畜最大可放牧数量的时间临界点，其后生态环境持续恶化，草地生产力下降，进而导致草食牲畜数量快速下降。2007 年以来针对青海湖流域生态环境恶化的情况，青海省相继批复和实施了青海湖流域生态环境保护与综合治理等项目，因此青海湖流域生态环境逐步趋向好转，相应的标准羊数量也于 2010 年攀升到 1989 年的水平，但 2010 年后青海湖流域实行草原生态保护补助奖励机制后，部分草场禁牧，故 2010 年后青海湖流域标准羊数量又开始下降。建议在不影响农牧民收入的情况下，坚持和完善当前实行的草原生态保护补助奖励长效机制，并拓展其他生产方式提高农牧民收入，如发展规模化养殖、推进饲草料基地建设、鼓励剩余劳动力从生产转移出来，到城镇从事第二、第三产业创业增收，以减轻天然草场压力，实现未来青海湖流域生态与生计双赢。

4. 人类活动对植被变化影响及恢复的精准检验

1）人类活动对祁连山植被变化影响分析

在全球气候变化和人类活动双重影响下，祁连山生态系统结构、功能以及空间格局发生不同程度的变化，生态系统破坏、水源涵养效能减弱、植被退化严重、水土流失加剧、地质灾害频发、水质恶化和环境污染等生态环境问题突出。为了从大尺度宏观评价祁连山农牧业生产、大规模开矿、水电资源开发、旅游开发、过度放牧等人类活动对植被影响，选取归一化植被指数 [（GIMMS[①] NDVI）（1981～2000 年）和 MODIS[②] NDVI（2000～2018 年）] 作为评价指标，分析人类活动对局域植被的破坏程度。

祁连山最大生长季平均归一化植被指数在 1981～1999 年呈现缓慢下降趋势，斜率为 –0.0012，为负值，即年减小率为 0.12%，归一化植被指数波动区间为 0.29～0.36，最高值出现在 1981 年、1985 年和 1989 年，最低值出现在 1995 年；在 2000～2018 年归一化植被指数呈现缓慢增加趋势，斜率为 0.0031，为正值，即年增加率为0.31%，归一化植被指数波动区间为 0.34～0.44，最高值出现在 2018 年，最低值出现在 2001 年（图 3.37）。

为了进一步探究不同时期植被覆盖变化的空间分布特征，采用斜率分析法模拟祁连山四个不同时期（2000～2005 年、2005～2010 年、2010～2016 年、2016～2018 年）NDVI 的变化趋势，根据 NDVI 变化趋势结果将祁连山植被退化程度分为退化 [严重退化（斜率≤ –0.0091）、中度退化（–0.0090≤斜率≤ –0.0046）、轻微退化（–0.0045≤斜率≤ –0.0010）]、基本不变（–0.0009≤斜率≤0.0009）、改善 [轻微改善（0.0010≤斜率≤0.0045）、中度改善（0.0046≤斜率≤0.0090）和明显改善（斜率≥0.0091）] 7 个变化区间，统计各区间的面积占比（表 3.1，图 3.38），并绘制祁连山不同时期归一化植被指数空间分布图（图 3.39）。

---

① GIMMS（global inventory modelling and mapping studies）即全球监测与模型研究组。
② MODIS（moderate-resolution imaging spectroradiometer）即中分辨率成像光谱仪。

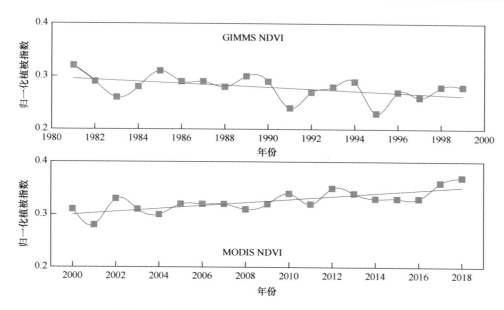

图 3.37　祁连山 1981 ~ 2018 年归一化植被指数变化

表 3.1　祁连山不同时期植被覆盖变化趋势分类统计表

NDVI 变化趋势	程度	统计指标	2000 ~ 2005 年	2005 ~ 2010 年	2010 ~ 2016 年	2016 ~ 2018 年
斜率 ≤ -0.0091	严重退化	面积 /km²	15389	15163	40659	18386
		面积占比 /%	8.24	8.11	21.76	9.84
-0.0090 ≤ 斜率 ≤ -0.0046	中度退化	面积 /km²	15284	13732	34879	6007
		面积占比 /%	8.18	7.35	18.66	3.21
-0.0045 ≤ 斜率 ≤ -0.0010	轻微退化	面积 /km²	22904	19977	42116	6480
		面积占比 /%	12.26	10.69	22.54	3.47
-0.0009 ≤ 斜率 ≤ 0.0009	基本不变	面积 /km²	20223	17484	20483	4662
		面积占比 /%	10.82	9.36	10.96	2.49
0.0010 ≤ 斜率 ≤ 0.0045	轻微改善	面积 /km²	34985	35475	21540	9692
		面积占比 /%	18.72	18.99	11.53	5.19
0.0046 ≤ 斜率 ≤ 0.0090	中度改善	面积 /km²	28499	34304	14130	14164
		面积占比 /%	15.25	18.36	7.56	7.58
斜率 ≥ 0.0091	明显改善	面积 /km²	49573	50720	13064	127465
		面积占比 /%	26.53	27.14	6.99	68.22

　　祁连山植被状况在（2000 ~ 2005 年、2005 ~ 2010 年、2010 ~ 2016 年、2016 ~ 2018 年）四个时期分别以明显改善、明显改善、轻微退化和明显改善趋势为主。四个时期植被覆盖变化在整体上除了 2010 ~ 2016 年表现为退化的趋势外，其他三个时期均呈改善的趋势，2005 ~ 2010 年相比上一个时期改善趋势更为明显，在 2010 ~ 2016

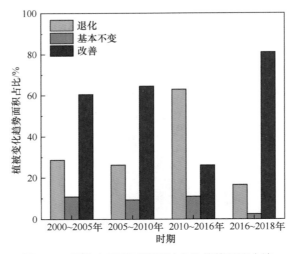

图 3.38 祁连山不同时期植被变化趋势面积占比

年植被退化最为严重，退化面积占比达到 62.96%，而在 2016 ~ 2018 年植被改善趋势最为明显，改善面积占比达到 80.99%。说明在 2010 ~ 2016 年这 7 年来，祁连山植被在气候变化和人类活动双重影响下有所退化，矿山开采、过度放牧、城镇建设、旅游开发等加重了局域退化程度。2016 ~ 2018 年近 3 年祁连山植被明显改善趋势显著，祁连山生态保护成效发挥作用。

从祁连山植被动态变化的空间分布特征来看，祁连山区四个时期的植被状况分布特征有明显差异，同一区域的植被呈现退化、改善交替变化的现象。2000 ~ 2005 年祁连山南段植被整体改善良好；2005 ~ 2010 年祁连山西段植被改善状况要明显优于其他区域；2010 ~ 2016 年祁连山除了东北部植被有一定改善外，其他区域植被退化明显；2016 ~ 2018 年祁连山除了东段个别区域植被退化，其他区域植被明显改善。2000 ~ 2005 年祁连山植被变化从全区范围看呈改善趋势，植被改善面积占比为 60.50%。6 年来，

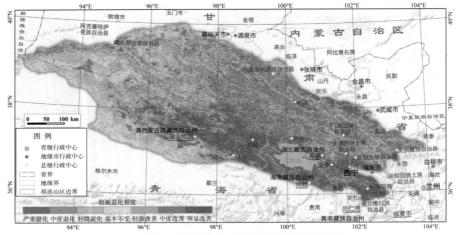

(a) 2000~2005年祁连山植被退化指数空间分布图

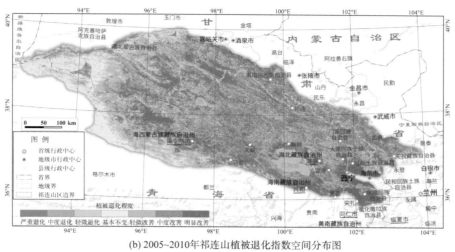

(b) 2005~2010年祁连山植被退化指数空间分布图

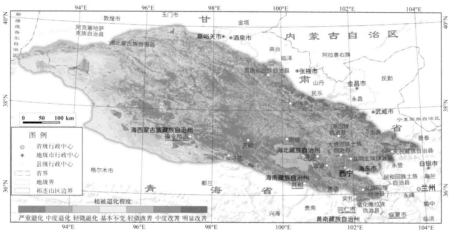

(c) 2010~2016年祁连山植被退化指数空间分布图

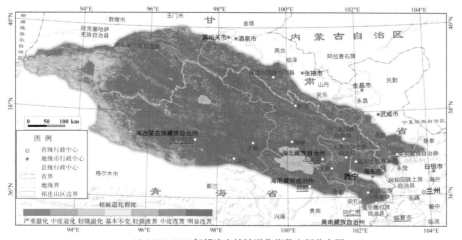

(d) 2016~2018年祁连山植被退化指数空间分布图

图 3.39　祁连山不同时期植被退化程度空间分布图

植被改善的区域主要在祁连山青海段的德令哈市、天峻县和化隆县，甘肃段天祝县和永登县植被退化较明显。2005～2010 年祁连山植被状况较上一时期有更进一步的改善，主要体现在祁连山甘肃段的肃北县、肃南县中段和西段、永登县，肃南县东段以及天祝县西段植被退化趋势明显。2010～2016 年祁连山植被覆盖面积占比整体上呈减少趋势，植被退化面积占比达 62.96%。7 年来，植被改善的区域主要分布在祁连山东段的石羊河流域、乌鞘岭和庄浪河、古浪河的谷地，在祁连山西部、北部和南部植被主要呈退化趋势。2016～2018 年祁连山植被覆盖面积占比整体上呈增加趋势，植被改善面积占比达 80.99%。2016～2018 年，植被改善的区域主要分布在祁连山西段和中段，东段石羊河流域和湟水流域退化最为严重，呈现和上一个时期（2010～2016 年）几乎相反的趋势，原本改善的区域变成退化的区域。

为了进一步分析祁连山重点区域植被覆盖变化特征，采用斜率分析法模拟祁连山重点区域四个不同时期（2000～2005 年、2005～2010 年、2010～2016 年、2016～2018 年）NDVI 的变化趋势（表 3.2，图 3.40）。

表 3.2　祁连山重点区域不同时期植被覆盖变化趋势分类统计表

NDVI 变化趋势	程度	统计指标	2000～2005 年	2005～2010 年	2010～2016 年	2016～2018 年
斜率≤ -0.0091	严重退化	面积 /km²	7054	5616	10624	8130
		面积占比 /%	9.72	7.74	14.64	11.21
-0.0090 ≤斜率≤ -0.0046	中度退化	面积 /km²	7604	4557	12978	2821
		面积占比 /%	10.48	6.28	17.89	3.89
-0.0045 ≤斜率≤ -0.0010	轻微退化	面积 /km²	11749	6919	17011	2977
		面积占比 /%	16.20	9.54	23.45	4.10
-0.0009 ≤斜率≤ 0.0009	基本不变	面积 /km²	9855	6537	9007	2043
		面积占比 /%	13.58	9.01	12.42	2.82
0.0010 ≤斜率≤ 0.0045	轻微改善	面积 /km²	14741	14240	9765	4113
		面积占比 /%	20.32	19.63	13.46	5.67
0.0046 ≤斜率≤ 0.0090	中度改善	面积 /km²	10265	14617	6660	5760
		面积占比 /%	14.15	20.15	9.18	7.94
斜率≥ 0.0091	明显改善	面积 /km²	11278	20061	6501	46704
		面积占比 /%	15.55	27.65	8.96	64.37

祁连山重点区域植被状况在（2000～2005 年、2005～2010 年、2010～2016 年、2016～2018 年）四个时期分别以轻微改善、明显改善、轻微退化和明显改善为主，面积占比分别为 20.32%、27.65%、23.45% 和 64.37%。四个时期植被覆盖变化在整体上除了 2010～2016 年表现为退化的趋势外，其他三个时期均呈改善的趋势，2005～2010 年相比上一个时期有更加明显的改善，在 2010～2016 年植被退化最为严重，退化面积占比达到 55.98%，而在 2016～2018 年植被改善趋势最为明显，改善面

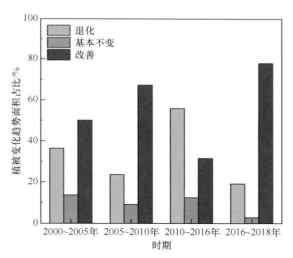

图 3.40   祁连山重点区域不同时期植被变化趋势面积占比

比重达到 77.99%。与祁连山植被覆盖变化趋势基本一致，说明在 2010 ～ 2016 年这 7 年来，祁连山区重点区域植被在气候变化和人类活动双重影响下植被退化严重，在退化面积占比上甚至超过祁连山同时期整体退化水平。2016 ～ 2018 年近 3 年祁连山重点区域植被也有明显改善的趋势。植被在生长时期的变化受自然因素和人为因素多方面的影响，植被状况波动变化可以间接体现人类活动的强烈程度，为了进一步精准检验人类活动对区域生态环境质量的影响，开展了典型性人类活动的无人机精细化调查。

2）人类活动对植被恢复影响精准检验

在大尺度宏观评价人类活动对植被变化影响的基础上，为了精准检验祁连山"山水林田湖草"生态修复工程对植被恢复，选择典型生态修复工程治理点，采用无人机 CCD 相机、激光雷达和热红外成像传感器精细监测植被恢复。结合无人机监测数据和 2008 ～ 2018 年 7 ～ 10 月无云 Landsat 影像计算 NDVI，通过高分辨率 NDVI 的变化趋势，精准分析人类活动对植被恢复的影响。

甘州区瓦窑砖厂南侧位于山丹河，始建于 1985 年前后，区域内主要整治点包括厂房、水塘、建材厂车间等共计 11 点（图 3.41）。该区域自建立以来，占地面积逐步扩大到 787669 m²(2014 年前后)。后经整治，原有车间、厂房等均进行拆除恢复为耕地，但北侧仍有大面积的厂房修建为建筑用地进行保留，该整治点是否完成整治还需进一步核实。从 NDVI 值来看，2011 年之后 NDVI 值降低明显，主要原因是该时间段内厂区扩建，与明振建材厂变化趋势吻合，反映出当地在 2011 年前后的快速发展对建材、砖瓦的需求量增大，也反映了城市的快速发展很大程度上是以破坏环境为代价的。2016 年对环境进行整治之后，NDVI 值有了略微上升，生态环境逐渐恢复。

九个泉选矿厂（图 3.42）位于大河乡梨园河畔，占地面积约 110973 m²。整治前主要类型为选矿厂 2 个及生活区若干。由于靠近河道，选矿厂工业废水极易发生泄漏并

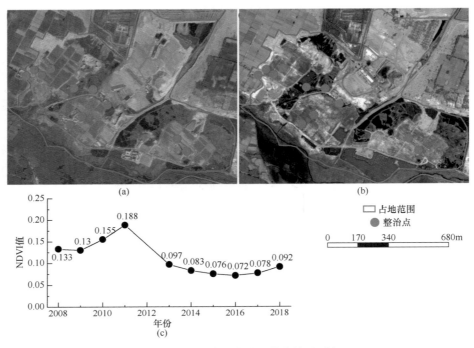

图 3.41　甘州区瓦窑砖厂整治前后对比
（a）整治前（2014 年 09 月 11 日）；（b）整治后（2018 年 10 月 10 日）；（c）时序 NDVI 值

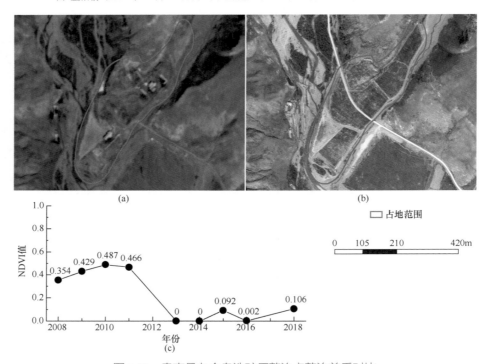

图 3.42　肃南县九个泉选矿厂整治点整治前后对比
（a）整治前（2016 年）；（b）整治后（2018 年 10 月 10 日）；（c）时序 NDVI 值

注入河内，影响下游生态环境。经整治，该整治点运走全部尾矿，平整坑道，并在该区域种植了大量的青海云杉，生态环境得到了一定的改善。从 NDVI 值来看，2011 年前后，该选矿厂建设迅速，对当地环境进行了毁灭性的破坏，植被覆盖面积占比基本为零，该现象一致持续到 2016 年前后。环境整治之后，NDVI 值略微上升，表明其进行植树种草有了一定的改善效果。但是，高寒地区的植被生长缓慢，生态环境恢复到破坏之前的状况极其缓慢。

大海铜矿详查项目始于 2006 年，整治点主要建有生活区，占地面积 260 m²。经 2016 年整治，拆除原有建筑，平整土地约 1160 m²，并全部种草（图 3.43）。从 NDVI 值来看，2010 年前该整治点未进行明显的人为活动，之后开始建设矿山开发生活区，使得植被覆盖面积占比降低。2016 年整治（种草）之后，植被覆盖面积占比略有回升，但是与破坏前相比相差甚远。

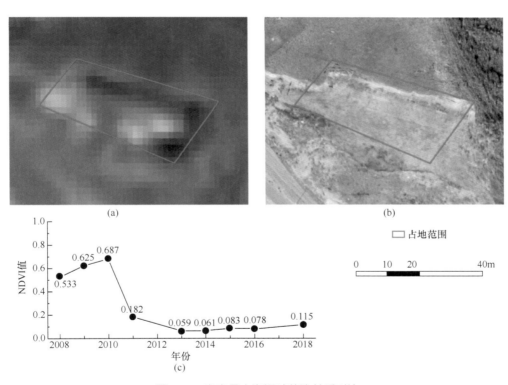

图 3.43　肃南县大海铜矿整治前后对比
(a) 整治前（2016 年）；(b) 整治后（2018 年 10 月 11 日）；(c) 时序 NDVI 值

素珠链冰川矿泉水矿始建于 1993 年，整治前主要建有水源地设施保护用房、取水管道及围栏，占地面积约 2483 m²，2016 年对其进行拆除整治。从图像上看，整治前后无明显差异（图 3.44）。从 NDVI 值来看，该整治点 2011 年前，植被覆盖程度较好，取水对植被覆盖影响不明显。2012 年前后 NDVI 值的"断崖式"下降可能有两个方面的原因：①建设水源地保护设施、围栏等；②山地滑坡、泥石流等地质灾害造

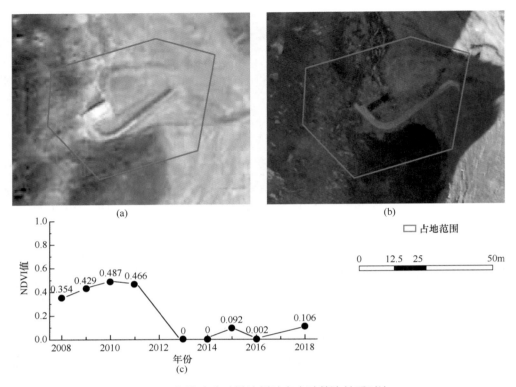

图 3.44　祁连山素珠链冰川矿泉水矿整治前后对比

(a) 整治前（2014 年 8 月 30 日）；(b) 整治后（2018 年 10 月 11 日）；(c) 时序 NDVI 值

成地表裸露，从而植被覆盖率降低。从 2016 年整治以后来看，植被覆盖百分率略有回升。

　　昌乐石灰石矿始建于 2005 年，占地面积约 87546.5 m²，主要表现为石灰石矿开采后山体裸露。2016 年 12 月进行整治，对矿区的人工设施进行拆除，对矿坑进行回填覆土、种草。对比整治前后，该整治点植被覆盖率有了明显的增加（图 3.45）。从 NDVI 值来看，2013 年前的开发对环境破坏明显，山体基本无植被覆盖。环境整治以后，植被覆盖率略有回升。

　　江仓一井田东侧矿区为露天开采，由一个巨型采坑和堆积于采坑北侧、南侧、东侧的大量弃渣堆组成，矿区内废渣堆积如山，压占大量土地资源，破坏大面积的植被，挖损及压占土地总面积为 111.68 hm²，其中水域面积为 8.94 hm²。按照要求，为保证采坑回填后坑内不再形成积水，采坑回填后，回填应高于积水面 3.5 m，回填后地面的地表径流能自然排泄，无积水。工程治理方案对采坑边渣堆进行合理放坡，达到安全坡度，放坡后的弃渣直接回填至采坑中，最后对排渣场渣堆及回填的采坑进行植被绿化，并对采坑及渣堆进行围栏封育。通过定期无人机 CCD 相机和激光雷达精细监测江仓一井田修复治理过程，分析矿山对植被恢复过程的影响（图 3.46）。

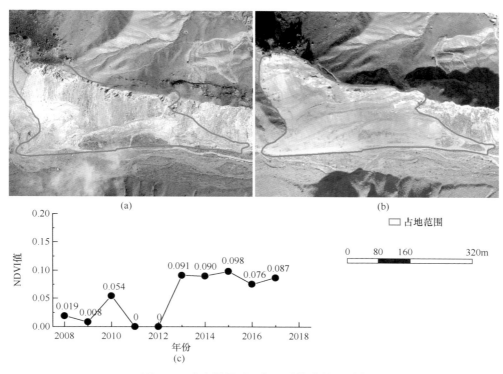

图 3.45 肃南县昌乐石灰石矿整治前后对比

(a) 整治前（2009 年 8 月 16 日）；(b) 整治后（2018 年 10 月 12 日）；(c) 时序 NDVI

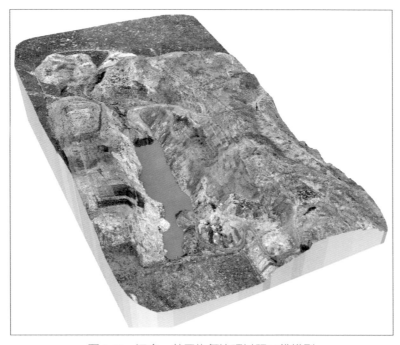

图 3.46 江仓一井田恢复治理过程三维模型

　　根据青藏高原退化草地评价等级标准，经调查统计，刚察县草场随着草地退化的加剧，草地植物种群发生了改变，其中优良牧草明显下降，毒杂草大量增加。同20世纪80年代相比刚察县草地平均初级生产力降低了26.24%，植被覆盖度降低了5%～30%，植被高度降低了4～12cm，重度退化草地的平均初级生产力仅为83.4kg/亩[①]，造成了草地生态环境的恶性循环，严重制约着草地畜牧业的可持续发展和草原生态环境的恢复。县域"山水林田湖草"修复工作主要通过实施天然草场生态保护修复，从鼠害防治、毒杂草防治及草原围栏建设等方面进行具体工程实施，对区域草场进行修复，修复完成后可有效提高修复区草地植被盖度，实现草原生态系统的良性循环，降低景观破碎化指数。通过无人机CCD相机和激光雷达精细监测刚察县草地修复治理，草地自恢复以来质量有明显改善，但是与天然草地相比，植被恢复较慢，恢复草地高度整体小于3cm（图3.47）。

　　综上，通过无人机对祁连山典型人类活动精细监测，发现祁连山人类活动对生态环境破坏明显，破坏地形地貌、挖损及压占土地资源、破坏含水层、加剧水土流失、矿山地质灾害及其隐患等一系列问题突出，治理难度较大。随着"山水林田湖草"生态保护修复试点项目的实施，边坡削方整平、废渣回填、表土回填、人工种草、围栏封育等一系列工程措施的治理效果明显，整治后植被覆盖度有了一定的回升，但是与天然植被相比，修复区植被恢复速度缓慢，尤其是处于高寒山区的矿区整治点植被要恢复到破坏前需要经历漫长的时间。

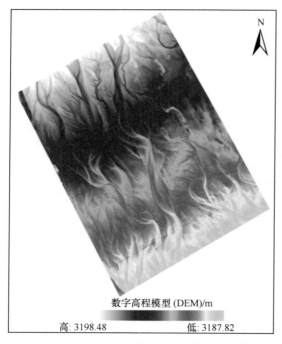
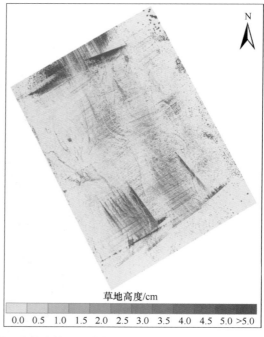

数字高程模型 (DEM)/m

高: 3198.48　　　　　　低: 3187.82

草地高度/cm

0.0　0.5　1.0　1.5　2.0　2.5　3.0　3.5　4.0　4.5　5.0 >5.0

图3.47　刚察县草地恢复治理区高精度地形和草地高度

---

① 1 亩≈ 666.67 m²。

3.2　祁连山生态系统结构变化及局域生态系统服务价值效益

3.2.1　祁连山生态系统结构变化分析

土地利用数据来源于中国科学院的"中国 1 ： 10 万土地利用数据"，土地利用类型包括耕地、林地、草地、水域、居民地和未利用土地 6 个一级类型以及 25 个二级类型。其中，图 3.48 是 20 世纪 70 年代末至 2015 年的土地利用类型图，表 3.3 是祁连山地区 20 世纪 70 年代末至 2015 年土地利用结构表。

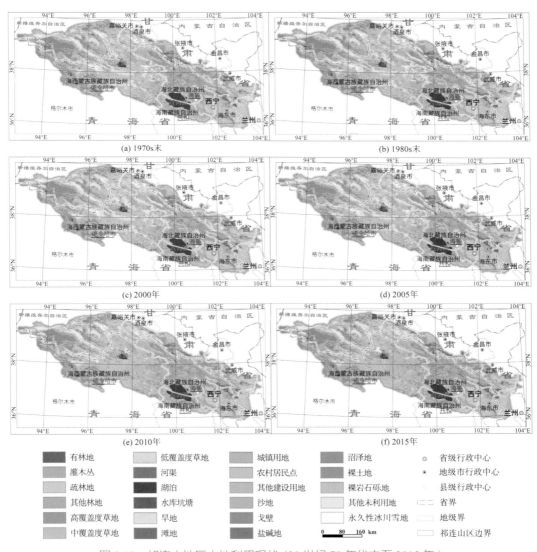

图 3.48　祁连山地区土地利用现状（20 世纪 70 年代末至 2015 年）

表 3.3　祁连山地区 1970s 末 -2015 年土地利用结构表　　（单位：%）

土地利用类型（一级类）	土地利用类型（二级类）	面积比例					
		1970s 末	1980s 末	2000 年	2005 年	2010 年	2015 年
耕地		4.67	4.72	4.89	4.80	4.88	4.86
	旱地	4.67	4.72	4.89	4.80	4.88	4.86
林地		7.66	7.65	7.65	7.65	7.66	7.62
	有林地	1.46	1.46	1.46	1.46	1.47	1.46
	灌木林	4.61	4.60	4.61	4.60	4.61	4.60
	疏林地	1.56	1.56	1.55	1.56	1.55	1.54
	其他林地	0.03	0.03	0.03	0.03	0.02	0.02
草地		42.60	42.43	42.21	42.22	42.23	41.79
	高覆盖度草地	6.60	6.57	6.54	6.57	7.09	7.23
	中覆盖度草地	16.57	16.12	15.99	16.08	15.43	15.32
	低覆盖度草地	19.44	19.75	19.68	19.57	19.71	19.24
水域		4.44	4.18	4.19	4.19	4.15	3.97
	河渠	0.14	0.14	0.14	0.14	0.23	0.25
	湖泊	2.39	2.34	2.33	2.34	2.44	2.40
	水库坑塘	0.07	0.06	0.07	0.08	0.08	0.10
	永久性冰川雪地	1.11	0.91	0.91	0.91	0.74	0.54
	滩地	0.73	0.73	0.76	0.72	0.66	0.67
城乡建设用地		0.33	0.35	0.38	0.42	0.43	0.51
	城镇用地	0.03	0.04	0.05	0.05	0.06	0.07
	农村居民点	0.25	0.25	0.27	0.28	0.29	0.32
	其他建设用地	0.05	0.06	0.06	0.09	0.08	0.12
未利用地		40.30	40.66	40.68	40.72	40.66	41.25
	沙地	1.91	1.98	2.01	2.00	1.97	1.99
	戈壁	9.21	9.23	9.23	9.22	9.19	9.37
	盐碱地	1.00	1.01	1.01	1.01	0.96	0.93
	沼泽地	1.86	1.88	1.88	1.85	1.83	1.78
	裸土地	0.53	0.53	0.53	0.54	0.50	0.52
	裸岩石砾地	17.52	15.40	15.40	15.39	20.68	20.96
	其他	8.27	10.63	10.62	10.71	5.53	5.70

1. 祁连山地区土地利用变化分析

土地利用变化态势反映的是各土地利用类型在相邻样本年间土地面积变化幅度及方向，当其值接近 100% 时表明面积没有发生变化，其值大于 100% 表明面积处于增加态势且越大表明增加幅度越大，其值小于 100% 表明面积处于减少态势且越小代表减少幅度越大。

从图 3.49 中发现，20 世纪 70 年代末至 2015 年，祁连山地区各地类的面积变化如下。

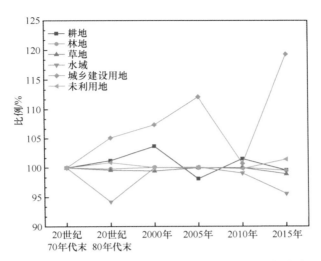

图 3.49　祁连山地区土地利用类型面积变化趋势（20 世纪 70 年代末至 2015 年）

林地：面积整体变化不大，变化幅度基本小于 1%。

草地：面积基本稳定，除 2010 ～ 2015 年减小幅度为 1.07% 外，其他年份变化幅度均小于 1%。

耕地：面积从 20 世纪 70 年代末至 2000 年一直处于增加态势，增加幅度为 3.70%，2000 ～ 2005 年则处于减少态势，减小幅度达 5.55%，2005 ～ 2010 年又处于增加态势，涨幅为 3.42%，2010 ～ 2015 年则又处于减少态势，减小幅度为 1.98%。

城乡建设用地：面积占比最小，但其整体变化幅度最大，一直处于增加态势中，20 世纪 70 年代末至 2005 年增加幅度逐渐上升，2005 ～ 2010 年增长速度突然减缓，2010 ～ 2015 年城乡建设用地面积急剧增加，增加幅度达 18.54%。

水域：面积从 20 世纪 70 年代末至 2015 年呈波动变化，20 世纪 70 年代末至 80 年代末减少幅度为 5.79%，80 年代末至 2000 年呈增加状态，增加幅度达到 5.82%，2000 ～ 2010 年面积基本稳定，变化不大，2010 ～ 2015 年水域面积减少，水域的变化态势由水库坑塘和永久性冰川雪地变化主导。

未利用地：面积在 20 世纪 70 年代末至 2015 年变化较小，经历了小幅增加—稳定—小幅增加的过程。

35 年间（20 世纪 70 年代末至 2015 年）土地利用结构变化不大。草地和未利用地相对其他地类变化较大，草地面积下降了 0.81%，未利用地面积则增加了 0.95%。其中，在草地中，中植被覆盖度草地面积比例下降最大，下降幅度达 1.25%。其他的土地利用类型面积变化幅度相对较小，其中林地和水域面积略有减少，变化幅度分别为 0.04%、0.47%，耕地和城乡建设用地面积略有增加，变化幅度分别为 0.2%、0.17%。

从图 3.50 可以看出，20 世纪 70 年代末至 2015 年祁连山地区各地类面积在不同阶段表现为不同的变化特征。

耕地面积在 2000 年之前呈上升趋势，2000 ～ 2005 年呈减小趋势，2005 ～ 2010

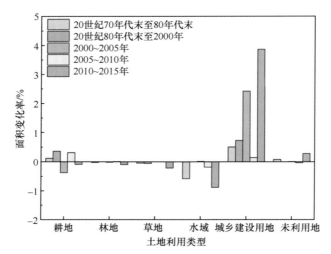

图 3.50　祁连山地区 20 世纪 70 年代末至 2015 年各时期各地类土地利用面积变化率图

年后呈上升趋势，2010 年之后呈减小趋势；林地面积基本保持稳定状态；草地面积在
20 世纪 70 年代末至 2010 年基本保持稳定，2010 年之后开始呈现减小趋势，且低植被
覆盖百分率草地减小速率最快，其动态度达到 –0.48%；水域面积在 70 年代末至 80 年
代末减少较快，动态度达到 –0.58%，其中水库坑塘与永久性冰川雪地贡献最大，动态
度分别为 –0.55% 和 –1.75%，80 年代末至 2005 年水域面积轻微增加，其中水库坑塘面
积增加较多，在 80 年代末至 2000 年和 2000～2005 年动态度分别为 1.35% 和 1.78%，
2005～2010 年水域面积小幅减小，动态度为 –0.18%，2010～2015 年水域面积减小较大，
动态度达 –0.88%；城乡建设用地面积稳步增加，特别是在 2010 年后，祁连山城镇化和
工业化进程加快，建设用地需求量快速增加，城镇用地面积、农村居民点面积和其他
建设用地面积的动态度在 2010～2015 年分别达到 3.51%、2.03% 和 10.87%；未利用
地面积在 80 年代末至 2010 年基本稳定，动态度较小，2010～2015 年呈增加趋势，动
态度为 0.29%。

2. 土地利用变化的空间差异分析

图 3.51 是 20 世纪 70 年代末至 2015 年祁连山地区各时期累计土地利用变化频数。
总体来看，70 年代末至 2015 年绝大多数区域土地利用类型未发生转变，占总体区域
面积的 94.74%。土地利用类型发生转变的区域主要集中在祁连山中部，以海西蒙古族
藏族自治州为主；其中发生 1 次转变的区域占总体区域的 4.67%，占发生转变区域的
88.67%；发生 2 次转变的区域占总体区域的 0.55%，占发生转变区域的 10.37%。从土
地利用类型变化来看，1 次转变以未利用地转变为草地和水域以及草地转变为耕地为主，
其中未利用地转变为草地最多；2 次转变以草地转变为未利用地再转变为水域以及草地
与耕地相互转变为主。

图 3.52 是不同时期各土地利用类型转出叠加的空间分布，表示的是 20 世纪 70 年
代末至 2015 年各土地利用类型转出的累计分布。草地转成其他地类的面积累计最多，

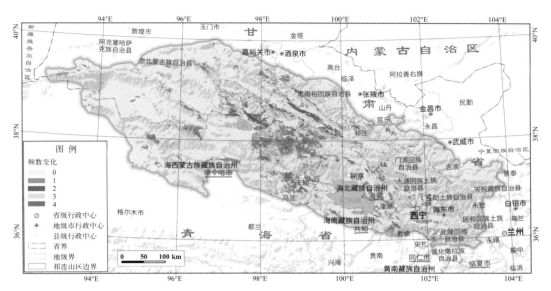

图 3.51　祁连山地区土地利用变化频数（20 世纪 70 年代末至 2015 年）

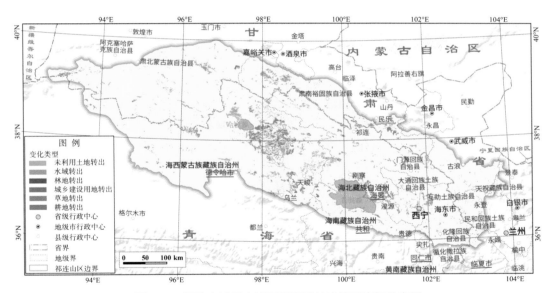

图 3.52　祁连山地区土地利用类型转出情况空间分布图

高达 5320 km²，集中分布在祁连山地区的中部和东部，其次是未利用地和水域，转出的累计面积分别为 4045 km² 和 2448 km²。未利用地转成其他地类主要分散在祁连山地区中段，水域向其他地类的转换较为分散，西段较多。林地、耕地和城乡建设用地转出相对较少。

图 3.53 是不同时期各土地利用类型转入叠加的空间分布，表示的是 20 世纪 70 年代末至 2015 年各土地利用类型转入的累计分布。转入最为明显的是未利用地、其次为草地，再次是耕地和水域，转入累计面积分别为 6168 km²、3516 km²、1411 km² 和

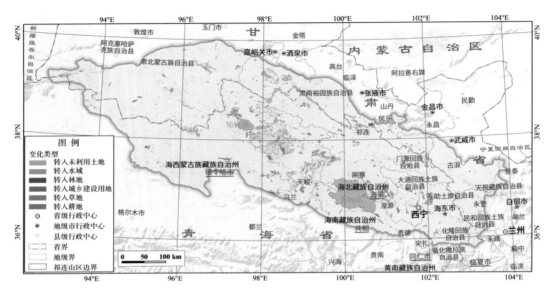

图 3.53 祁连山地区土地利用类型转入情况空间分布图

1392 km²。未利用地的转入集中发生在祁连山地区的中部。草地的转入主要分散在祁连山地区的中部和东段。耕地的转入主要集中分布在祁连山地区中段北部，在西段有少量离散分布。水域的转入主要分布在祁连山地区的西段。城乡建设用地和林地的转入呈零星分布，且林地的转入情况最不显著，只在祁连山地区东段有少量的分布。

综上，20 世纪 70 年代末至 2015 年，总体上来说祁连山地区土地利用结构比较稳定，但各土地利用类型面积变化仍呈现一定特征，与区域社会经济发展具有联系。城乡建设用地面积占比虽小，但变化幅度最大，一直处于增加态势，与经济增长、城镇化水平提高具有密切联系，其中 70 年代末至 2005 年增加幅度缓慢上升，2005 ~ 2015 年城乡建设用地面积急剧增加，主要由草地、耕地转入；耕地面积处于缓慢增加态势，与祁连山地区社会经济发展水平有关，农业经济比例较大，70 年代末至 2010 年耕地面积增幅缓慢提高，2010 ~ 2015 年增加幅度有所下降，耕地主要由草地转入，同时也有耕地转变为草地、建设用地；水域面积呈波动变化，水域的面积变化态势由湖泊和永久性冰川雪地变化主导，受人类活动、气候变化影响，主要由未利用地和草地转入，水域主要转变为未利用地；草地面积基本稳定，2005 ~ 2015 年呈增加趋势，增加幅度达4.3%，2005 ~ 2010 年增加幅度较大，主要由未利用地转入，少量耕地、林地和水域转入，草地主要转变成未利用地和耕地；林地面积整体变化不大，与林业保护政策有关，主要是林地和草地相互转变，林地和耕地转变较少；未利用地经历了小幅增加—稳定—小幅下降的过程，主要与草地、水域相互转变。

20 世纪 70 年代末至 2015 年祁连山地区土地利用变化特征在空间、频数和类型上不一，发生土地利用类型变化的区域占总体区域的 4.5%，主要发生在祁连山地区中部，南坡相对北坡土地利用变化范围广，尤其是青海海西蒙古族藏族自治州和海北藏族自治州；其间部分土地上发生多次类型转变，发生 1 次和 2 次转变较多，占发生转变区域总体面积的 91.3% 和 8.5%，1 次转变主要是未利用地与草地的转变，2 次转变主要是未利用地与草地、水域间的转变；土地利用类型以未利用地和草地的转变最多，水域相对耕地、林地和城乡建设用地转变较多，转变为其他地类面积最多的是未利用地，其次是草地和水域，林地、耕地和城乡建设用地转出相对较少，转入最为明显的是草地，其次为未利用地和水域。

3.2.2　祁连山生态系统服务局域价值分析方法

祁连山区域生态环境治理后，人类活动特别是区域的采矿、水电开发强度得到有效控制，区域内部分建设用地复垦，恢复为草地，区域生态系统服务供给能力发生变化。同时，工业生产特别是采矿生产活动强度下降，减少了生产过程中向环境中排放的废气、废水、废渣，产生了正向的环境效益。

生态系统服务是指生态系统所形成和维持的人类赖以生存和发展的环境条件与效用（Daily，1997），为人类直接或间接从生态系统得到的所有效益（Costanza et al.，1997）。祁连山区域地域广阔，生态系统类型多样，生态系统为祁连山区域提供了大量的生态产品与服务。开展生态系统服务核算，明确区域生态系统服务存量，有助于我们准确认识区域生态环境的价值，此外核算治理后的生态系统服务变化，有助于分析治理的生态环境效益。

目前国内外生态系统服务核算的方法主要包括模型计算法和价值当量法。模型方法主要利用各类过程模型，对区域水源供给、水土保持、植被固碳等生态系统服务实物量进行模拟，分析区域生态系统服务的实物供给能力，在此基础上，利用治理成本、替代成本等方法对实物量进行价值化，从而获得区域生态系统服务价值量。目前评价运用的主要模型包括生态系统服务和权衡的综合评估模型（integrated valuation of ecosystem services and trade-offs，InVEST）、基于人工智能的生态系统服务模拟模型（artificial intelligence for ecosystem services，ARIES）、生态系统服务社会价值模拟模型（social values for ecosystem services，SolVES），多尺度生态系统服务模拟模型（multi-scale integrated modes of ecosystem services）等。价值当量法以土地利用面积为依托，通过模型方法事先确定各类土地利用类型的生态系统服务供给能力的价值，利用价值当量表，结合区域土地利用数据，可以快速计算出区域生态系统服务价值。相较而言，模型法更能够反映区域间的异质性，当量法则更为便捷同时具有更好的通用性和可比性。但上述两种方法对生态系统服务价值的评估重点聚焦于生态系统提供的服务与产品对本地的影响，服务对其他区域的影响无法实现很好的评估。因此可以将其评价结果视为局域的生态系统服务价值。

模型评价时，模型的选择对结果有明显影响。与其他评价模型相比，InVEST 模型整合了多种生态系统过程，能够通过输入不同政策情景下的土地利用参数、物理环境因子数据和社会经济因子数据模拟多种生态系统服务的物质量和价值量。同时，该模型克服了文字表述抽象而不够直观的问题，将评估结果可视化表达，实现了生态系统服务价值的时空尺度变化和生态系统服务权衡关系研究。基于上述优点这一模型被广泛应用于全球的生态系统服务评估。

当量法的研究成果中，Costanza 等（1997）发表在 *Nature* 上的全球生态资产价值评估结果最为著名，这一成果的发表迅速引起了全球各界对生态系统服务的关注，并极大地推进了千年生态系统评估等重大项目的实施。随着对生态系统服务研究的不断深入，科学家对原有各类型土地提供的服务量有了新的认识。Costanza 等（2014）基于土地利用变化和单位价值当量变化优化了生态系统服务价值评估体系。谢高地等（2008）基于专家问卷调查构建了适用于国内的生态系统服务评估单价体系，2015 年通过模型运算和地理信息空间分析等方法，优化和改进了单位面积价值当量评估方法（谢高地等，2015），这一方法在国内亦被广泛使用。

祁连山是《全国主体功能区规划》确定的 25 个国家重点生态功能区之一，承担着维护青藏高原生态平衡，阻止腾格里、巴丹吉林和库木塔格三大沙漠南侵，承担黄河和河西内陆河径流补给的重任，是国家重要的冰川和水源涵养的重点生态功能区和生态安全屏障，在国家生态建设中具有十分重要的战略地位。因此，本书采用 InVEST 模型选择水源供给、水质净化、土壤保持、植被固碳 4 个模块计算祁连山生态系统服务存量及生态修复为祁连山带来的生态系统服务增量。同时将 Costanza 等（2014）更新的价值当量法和谢高地等（2015）更新的价值当量法与 InVEST 模型的计算结果进行对比，以期全面反映祁连山生态系统服务的局域价值。

祁连山生态系统服务价值计算所需主要数据包括土地利用数据、气象数据和土壤数据、水文数据等。2015 年的土地利用数据来源于中国科学院资源环境数据中心，根据全国土地利用与土地覆盖 II 级分类系统对土地利用类型进行解译；气象数据来源于国家气象科学数据中心（http://data.cma.cn/）。2015 年气象数据通过 2012～2016 年的气温、降水、相对湿度、风速和日照时数等日值数据求取多年平均值获得；水文数据来源于祁连山各水文站点蒸散量和产水量的观测数据；土壤数据来源于世界土壤数据库；DEM 数据来源于地理空间数据云。InVEST 模型所需相关系数在查阅模型说明的基础上采用实地调研和相似地区研究成果的数据，模型所需空间数据统一定义为 CGCS2000 坐标，分辨率为 100m。

3.2.3　祁连山生态系统服务局域价值评估

1. 基于 InVEST 模型的祁连山生态系统服务局域价值评估

以 2015 年为参考年份，采用 InVEST 模型评估祁连山水源供给、土壤保持、水质净化和植被固碳的物质量，并在此基础上采用市场价值法和影子工程法分别核算各类生态系统服务的价值量。此外，通过产品价值法核算祁连山粮食和肉类产品的供给价值。进而将上述 4 种生态系统服务价值加和可求得祁连山生态系统服务价值。基于 InVEST 模型的 2015 年祁连山区生态系统服务供给模拟情况如下：

1）土壤保持

由模拟结果可知（图 3.54），2015 年祁连山土壤保持总量为 1.58×10^8 t，土壤保持总价值为 102.78 亿元。

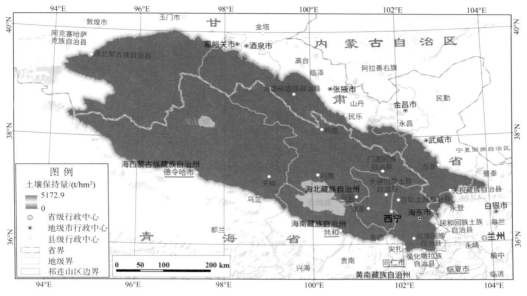

图 3.54　祁连山土壤保持量

基于 InVEST 模型土壤保持模块模拟结果，按地类统计土壤保持总量和平均土壤保持量。各地类中林地、草地、水域和未利用地对祁连山土壤保持总量贡献率较高，贡献率分别为 17.37%、40.60%、3.79%、35.48%。就平均土壤保持量而言，林地的土壤保持量最大，为 1.5×10^4 t/hm²。其次是水域，平均土壤保持量为 8.99×10^3 t/hm²；未利用地的平均土壤保持量为 8.95×10^3 t/hm²，主要来源于裸土地和裸岩石砾地的贡献。草地的平均土壤保持量为 8.55×10^3 t/hm²，耕地为 4.67×10^3 t/hm²。

在地类统计土壤保持总量的基础上采用市场价格法和影子工程法计算各地类的土壤保持价值。各地类的土壤保持价值相比，未利用地最大，为 36.47 亿元。其次是林地、水域，土壤保持价值分别为 17.86 亿元、3.89 亿元。建设用地和各耕地的土壤保持价值较低，分别为 0.33 亿元、2.50 亿元。

2）水质净化

由模拟结果可知，2015 年祁连山氮、磷保持量分别为 $0 \sim 17.91$ kg/hm² 和 $0 \sim 4.88$ kg/hm²（图 3.55、图 3.56），氮、磷保持总量分别为 5985.61 万 kg、1013.02 万 kg，氮、磷保持价值分别为 21.37 亿元、76.05 亿元，水质净化总价值为 97.42 亿元。

基于 InVEST 模型水质净化模块模拟结果，按地类统计氮保持总量和平均氮保持量。各地类中草地、未利用地和耕地的氮保持总量较高，其中草地的氮保持量贡献率最大，占祁连山氮保持总量的 51.44%。其次是未利用地和耕地，氮保持总量分别为 1514.16 万 kg 和 793.99 万 kg。就平均氮保持量而言，耕地最大，为 1361.73 kg/km²；

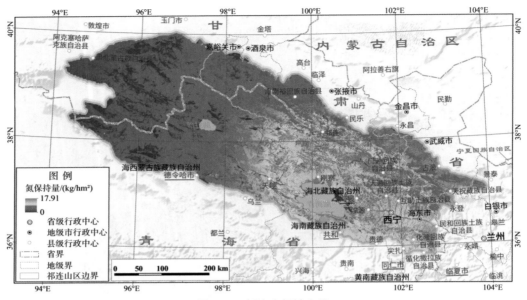

图 3.55　祁连山氮输出量

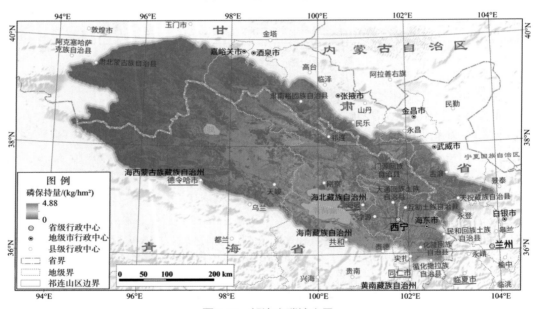

图 3.56　祁连山磷输出量

其次是建设用地，平均氮保持量为 861.29 kg/km²；草地的氮保持量为 394.22 kg/km²；林地的平均氮保持量为 270.43 kg/km²。

在地类统计氮保持总量基础上，采用市场价格法计算，各地类的氮保持价值相比，草地最大，为 10.99 亿元。其次是未利用地和耕地，氮保持价值分别为 5.41 亿元、2.83 亿元。建设用地和水域的氮保持价值较低，分别为 0.33 亿元、2.50 亿元。

基于 InVEST 模型水质净化模块模拟结果，按地类统计磷保持总量和平均磷保持量比较可知各地类中未利用地、耕地和草地的磷保持总量较高，其中未利用地的磷保持量贡献率最大，占祁连山磷保持总量的 50.00%。其次是耕地和草地，磷保持总量分别为 372.77.16 万 kg 和 109.25 万 kg。就平均磷保持量而言，耕地最大，为 340.85 kg/km^2，其次是未利用地，平均磷保持量为 83.04 kg/km^2；建设用地磷保持量为 37.29 kg/km^2；草地磷保持量为 11.37 kg/km^2。

在地类统计磷保持总量基础上，采用市场价格法计算各地类的磷保持价值。各地类的磷保持价值相比，未利用地最大，为 38.02 亿元。其次是耕地和草地，氮保持价值分别为 27.98 亿元、8.20 亿元。建设用地和水域的氮保持价值较低，分别为 0.76 亿元、0.32 亿元。

3）植被固碳

由模拟结果可知，2015 年祁连山碳固存量 0 ～ 24106.73 t/km^2（图 3.57），碳固存总量为 20.36 亿 t，碳固存价值为 507.01 亿元。

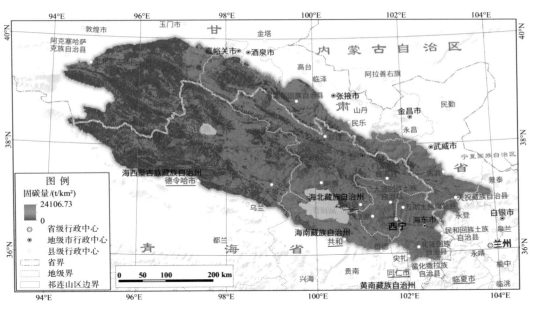

图 3.57　祁连山碳固存量

基于 InVEST 模型植被固碳模块模拟结果，按地类统计碳固存总量和平均固存量，各地类中草地、林地对祁连山碳固存总量贡献较大，贡献率分别为 76.33%、19.99%。就平均碳固存量而言，林地最大，为 24107 t/km^2；其次是草地，平均碳固存量为 16882 t/km^2；耕地的碳固存量为 4534 t/km^2；水域的碳固存量为 2026 t/km^2。

在地类统计碳固存总量基础上采用市场价格法计算各地类的碳固存价值。各地类的碳固存价值相比，草地最大，为 386.99 亿元。其次是林地、耕地，碳固存价值分别为 101.31 亿元、12.41 亿元。未利用地的碳固存价值较低，为 1.64 亿元，建设用地碳固存价值为 0 元。

4）水源供给

在水源供给模拟中，当 Z 常数取 30 时，水源供给量的相对误差为 2.51%，此时 InVEST 水源供给物质量的模拟效果最优，祁连山总水源供给量为 169.50 亿 m^3，进一步采用影子工程法计算各地类的水源供给价值，结果显示，祁连山水源供给价值为 968.57 亿元。

基于 InVEST 模型水源供给模块模拟结果，按地类统计水源供给总量和平均水源供给量。比较可知，各地类中草地、林地和耕地对祁连山水源供给的贡献率较高，其中贡献率最大的是草地，其次是林地和耕地。就平均水源供给量而言，耕地的平均水源供给量最大，为 140.59 mm，其次是林地，平均水源供给量为 117.34 mm。

通过以上分析可知，2015 年祁连山水源供给量 169.50 亿 m^3，水源供给价值 968.57 亿元；土壤保持量 1.58 亿 t，土壤保持价值 102.78 亿元；水质净化量 6998.63×10^4 kg，水质净化价值 97.42 亿元；碳固存量 20.36 亿 t，碳固存价值 507.01 亿元；食物供给价值 25.15 亿元，2015 年祁连山生态系统服务总价值为 1700.93 亿元。

2. 基于面积当量方法的生态系统服务局域价值评估

以 2015 年为参考年份，基于区域土地利用数据，采用 Costanza 等（2014）最新更新的价值当量法（表 3.4），以各类生态系统的面积与其对应的价值当量相乘并求和，可得 2015 年祁连山生态系统服务价值为 4168.73 亿元。

表 3.4 Costanza 等 (2014) 更新的价值当量表

生态系统		2011 年价值当量/[美元 /(hm²·a)]
森林		3800
	热带森林	5382
	温带 / 寒带森林	3137
草地 / 牧场	草地	4166
湿地		40174
	潮汐沼泽 / 红树林	93843
	沼泽 / 河漫滩	25681
湖泊、河流		12512
沙漠		—
冻土		—
冰川雪地、裸岩		—
耕地		126
城市		—

以 2015 年为参考年份，采用谢高地等（2015）最新更新的价值当量法（表 3.5），以农田生态系统的标准当量因子生态系统服务价值量（3406.5 元 /hm²）为基准，通过单位面积生态系统服务价值当量表中系数的转化，得到各类生态系统服务价值，进而加和可知 2015 年祁连山生态系统服务价值为 8115.56 亿元。

表 3.5　谢高地等（2015）更新的价值当量表

生态系统分类		供给服务			调节服务				支持服务			文化服务
一级分类	二级分类	食物生产	原料生产	水资源供给	气体调节	气候调节	净化环境	水文调节	土壤保持	维持养分循环	生物多样性	美学景观
农田	旱地	0.85	0.4	0.02	0.67	0.36	0.1	0.27	1.03	0.12	0.134	0.06
	水田	1.36	0.09	2.63	1.11	0.57	0.17	2.72	0.01	0.19	0.21	0.09
森林	针叶林	0.22	0.52	0.27	1.7	5.07	1.49	3.34	2.06	0.16	1.88	0.82
	针阔混交	0.31	0.71	0.37	2.35	7.03	1.99	3.51	2.86	0.22	2.6	1.14
	阔叶	0.29	0.66	0.34	2.17	6.5	1.93	4.74	2.65	0.2	2.41	1.06
	灌木	0.19	0.43	0.22	1.41	4.23	1.28	3.35	1.72	0.13	1.57	0.69
草地	草原	0.1	0.14	0.08	0.51	1.34	0.44	0.98	0.62	0.05	0.56	0.25
	灌草丛	0.38	0.56	0.31	1.97	5.21	1.72	3.82	2.4	0.18	2.18	0.96
	草甸	0.22	0.33	0.18	1.14	3.02	1	2.21	1.39	0.11	1.27	0.56
湿地	湿地	0.51	0.5	2.59	1.9	3.6	3.6	24.23	2.31	0.18	7.87	4.73
荒漠	荒漠	0.01	0.03	0.02	0.11	0.1	0.31	0.21	0.13	0.01	0.12	0.05
	裸地	0	0	0	0.02	0	0.1	0.03	0.02	0	0.02	0.01
水域	水系	0.8	0.23	8.29	0.77	2.29	5.55	102.24	0.93	0.07	2.55	1.89
	冰川积雪	0	0	2.16	0.18	0.54	0.16	7.13	0	0	0.01	0.09

由三种生态系统服务价值核算方法对比可知，采用 InVEST 模型计算的生态系统服务价值最小，祁连山生态系统服务价值仅为 1700.93 亿元。谢高地等（2015）的单位价值当量法计算结果最大，祁连山生态系统服务价值为 8115.56 亿元，是 InVEST 模型计算结果的 4.77 倍。Costanza 等（2014）的计算结果居中。究其原因，在 InVEST 模型计算过程中，基于对生态系统服务重要性程度的考虑，以及模型模块限制，仅选择了水源供给、土壤保持、水质净化、植被固碳 4 类生态系统服务，而面积当量法覆盖的生态系统服务类型则远多于此，导致模型评估结果较小。

3.2.4　祁连山生态系统服务供给量变化分析

1. 祁连山生态修复的土地利用变化

不合理开发的工业用地、建设用地复垦是祁连山生态环境治理的一项重要工作内容，土地利用性质改变将影响其提供的生态系统服务供给量，基于对区域生态环境治理前（2016 年）后（2018 年）土地利用变化的分析，利用模型法结果和当量法对区域局域生态系统服务增量进行分析，有助于明确区域生态环境治理的成效与影响。

统计可知，祁连山生态环境治理前（2016 年）后（2018 年）带来地类变化为 8.64 km²（表 3.6），其中工矿用地减少得最多，减少了 6.55 km²，占地类变化面积的 75.81%；草地增加得最多，增加了 7.53 km²，占地类变化面积的 87.15%。其他地类的变化以农村居民地、水库用地减少为主，省道、县道以增加为主，变化幅度不大。

表 3.6　2016～2018 年祁连山生态环境治理带来的地类变化　（单位：km²）

地类	面积		面积增加量
	2016 年（生态环境治理前）	2018 年（生态环境治理后）	
城镇用地	5.94	5.88	−0.06
农村居民地	38.44	37.92	−0.52
国道	0.56	0.62	0.06
省道	5.15	5.26	0.12
县道	2.26	2.36	0.10
乡道	6.74	6.66	−0.08
村道	7.43	7.84	0.41
专用道路	5.21	5.09	−0.12
其他道路	61.94	62.24	0.29
工矿用地	69.37	62.82	−6.55
旅游用地	0.28	0.21	−0.07
水电站	0.75	0.71	−0.04
水库	12.69	11.50	−1.20
水坝	0.12	0.16	0.04
坑塘水面	0.20	0.25	0.05
房屋	0.00	0.00	0.00
恢复草地	0.00	0.32	7.53
裸地	0.10	0.10	0.00
其他人工硬表面	0.10	0.10	0.00
其他用地	1.09	1.14	0.05

2. 祁连山生态系统服务供给量变化

生态环境治理减少了人类活动对生态系统的干扰，促进了生态系统服务增加。为衡量 2016～2018 年祁连山生态修复的生态系统服务增量，采用 InVEST 模型，以 2015 年为参考年份，分别核算各地类土壤保持量、水质净化量、碳固存量的均值，并与 2016～2018 年地类变化量分别相乘再求和。

通过上述方法计算可知，生态环境治理带来的新增生态系统服务总价值为 499.04 万元。就新增生态系统服务量而言，祁连山氮保持量增加了 504.59 kg（表 3.7），磷保持量增加了 36.51 kg，土壤保持量增加了 4418.49 t，碳固存量增加了 124797.21 t。就新增生态系统服务价值而言，氮保持价值新增 1.80 万元，占新增生态系统服务总价值的 0.36%；磷保持价值新增 2.74 万元，占新增生态系统服务总价值的 0.55%；土壤保持价值新增 28.72 万元，占新增生态系统服务总价值的 5.76%；碳固存价值新增 300.64 万元，占新增生态系统服务总价值的 60.24%；水源供给价值新增 165.14 万元，占新增生态系统服务总价值的 33.09%。

表 3.7 生态环境治理新增生态系统服务量及价值

新增氮保持量 /kg	新增磷保持量 /kg	新增土壤保持量 /t	新增碳固存量 /t	新增水源供给量 /m³
504.59	36.51	4418.49	124797.21	289001.4
新增氮保持价值 / 万元	新增磷保持价值 / 万元	新增土壤保持价值 / 万元	新增碳固存价值 / 万元	新增水源供给价值 / 万元
1.80	2.74	28.72	300.64	165.14

以 2015 年为参考年份，采用 Costanza 等（2014）最新更新的价值当量，以 2016 ～ 2018 年各类生态系统的新增面积与其对应的价值当量相乘并求和，可得 2016 ～ 2018 年生态环境治理带来的新增生态服务价值为 1976.31 万元。

采用谢高地等（2015）价值当量法，以 2015 年为参考，以农田生态系统的标准当量因子生态系统服务价值量（3406.5 元 /hm²）为基准，通过单位面积生态系统服务价值当量表中系数的转化，得到各类生态系统服务价值，进而分别与 2016 ～ 2018 年生态环境治理带来的各地类变化量分别相乘再求和，可知 2016 ～ 2018 年生态环境治理带来的新增生态服务价值为 3094.36 万元。

对比可知，对于相同的 2016 ～ 2018 年祁连山生态环境治理变化，谢高地等（2015）提出的价值当量法计算的新增生态系统服务价值仍然最大，为 3094.36 万元。InVEST 模型计算的新增生态系统服务价值最小，仅为 499.03 万元。Costanza 等（2014）提出的价值当量法计算的新增生态系统服务价值居中。核算的生态系统服务的种类不尽相同，同时各种核算方法的分析机理存在差异，导致评估的结果有较大差距。在目前选择的三种分析工具中，InVEST 模型是从区域生态系统服务的供给机理出发，通过核算区域新增系统服务实物量，进而分析新增服务的价值，其模拟结果更能够反映区域生态系统特征，因此在本书之后的各项分析中以 InVEST 模型模拟结果开展分析。

需要强调的是，上述核算均未考虑到祁连山生态系统服务对其他区域的影响，评估仅反映了祁连山生态系统服务的局域价值，若要反映祁连山生态系统服务的全域价值，则需要进一步分析本区域生态系统服务对其他区域的价值。

3.3 小结

祁连山人类活动类型面积在 1985 ～ 2016 年整体上不断增加，尤其表现在农村居民地建设、村道等道路建设、工矿用地建设、水电站及水库建设。随着环保督察整改，工矿用地面积明显减少，旅游用地面积有所减少，水电站占地面积有所减少，水库面积大幅减少，重点治理区恢复草地面积达 31.7 hm²。

20 世纪 70 年代末至 2015 年总体上来说祁连山地区土地利用结构比较稳定，但各土地利用类型面积变化仍呈现一定特征，与区域社会经济发展具有联系。祁连山地区土地利用变化特征在空间、频数和类型上不一，发生土地利用类型变化的区域占总体区域 4.5%，主要发生在祁连山地区中部，南坡相对北坡土地利用变化范围广，尤其是青海海西蒙古族藏族自治州和海北藏族自治州。

　　利用 InVEST 模型和当量法对祁连山生态系统服务价值进行评估，发现祁连山 2015 年生态系统服务价值为 1700.93 亿～ 8115.56 亿元。2016 ～ 2018 年祁连山生态环境治理带来地类变化面积为 8.64 km²，对应的新增生态系统服务价值为 0.05 亿～ 0.31 亿元 / 年。治理后祁连山区域生态系统服务供给总体增加，但较其存量而言，增量价值较为有限。

第 4 章

祁连山生态环境治理的局地环境影响分析

以矿山开发为主要代表的人类活动对祁连山区域环境质量造成直接影响。本次科学考察以祁连山核心区域——黑河源区域为研究区，通过采样、分析，研究区域内采矿活动对环境的影响。在此基础上，利用综合环境和经济核算体系中的排放账户和区域统计数据与行业排污数据，对区域生态环境治理后工业废气、废水、废渣减排情况进行估算，进一步核算减排的经济价值，探讨祁连山生态环境治理的环境效益情况。

4.1 矿山开发对祁连山环境的影响

4.1.1 矿山对水环境质量影响分析

黑河源多金属矿集区早前矿业活动产生的矿井水、矿石/废渣溶滤水和选矿废水等一般都未经处理，直接向河道排放，对环境造成了较大的危害。对采集的 21 份矿山废水进行水化学分析（图4.1、图4.2），了解其危害物质组成和特点，评价废水污染程度，反映历史矿业活动对水环境造成的影响。

1. 离子含量

对矿山废水水样的水化指标进行统计分析（附表16），pH 范围为 2.33 ～ 9.49，平均值为 7.96，其中西山梁多金属矿的矿物溶滤液 pH 最低，仅为 2.33（XSMF0201），

图 4.1 祁连山水环境和土壤重金属野外考察

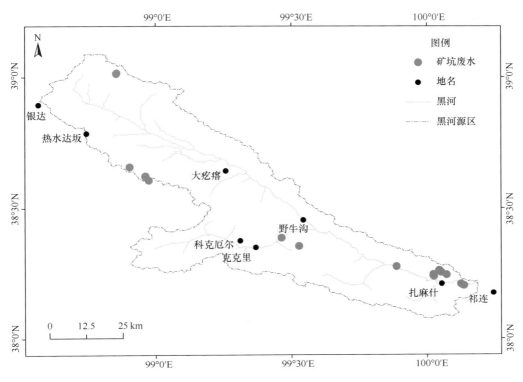

图 4.2　矿山废水采样点分布图

呈强酸性；而双岔沟石棉矿的原矿溶滤液 pH 则高达 9.49（SCPW0101），呈碱性。相应地，这两份矿物溶滤液的电导率也非常高，XSMF0201 为 9700 μS/cm，是 21 份水样中最高的，SCPW0101 电导率位居第二，达到了 8030 μS/cm。除去这两个高离子浓度、高电导率的矿物溶滤液样品，矿山废水电导率一般变化范围为 269 ～ 3490 μS/cm，平均值为 1321.34 μS/cm。除去这两个极值样品后其他样品的溶解性总固体（TDS）为 119.29 ～ 2414.20 mg/L，平均值为 810.18 mg/L。

阳离子中，Ca^{2+} 的浓度最大值为 518.00 mg/L，最小值为 20.67 mg/L，平均浓度为 173.95 mg/L；Na^+ 的浓度最大值为 237.60 mg/L，最小值为 1.33 mg/L，平均浓度为 53.43 mg/L；Mg^{2+} 的浓度最大值为 995.50 mg/L，最小值为 8.53 mg/L，平均浓度为 130.10 mg/L；K^+ 的浓度最大值为 57.34 mg/L，最小值为 0.68 mg/L，平均浓度为 7.42 mg/L。

阴离子中，HCO_3^- 的浓度最大值为 338.83 mg/L，平均浓度为 138.32 mg/L；SO_4^{2-} 的浓度最大值为 17133.72 mg/L，最小值为 27.72 mg/L，平均浓度为 1401.31 mg/L；Cl^- 的浓度最大值为 3101.15 mg/L，最小值为 4.90 mg/L，平均浓度为 208.19 mg/L；NO_3^- 的浓度最大值为 422.56 mg/L，最小值为 1.34 mg/L，平均浓度为 27.50 mg/L。主要阴阳离子的变异系数均大于 0.5，而且大部分均大于 1，含量变化幅度较大，说明矿山废水受矿种、开采和选矿的方式影响较大。

附表 17 列出了黑河源区矿山废水中重金属离子的统计参数，重金属的含量变化范围分别为: Cr, 0.28 ～ 224.51 μg/L; Mn, 1.62 ～ 25462.07 μg/L; Ni, 0.71 ～ 1097.21 μg/L; Cu, 0.68 ～ 5027.23 μg/L; Zn, 17.83 ～ 74369.17 μg/L; Pb, 0.87 ～ 8701.80 μg/L; Cd, 0 ～ 2155.00 μg/L; As, 0 ～ 33805.00 μg/L。上述各重金属含量的变化范围较大,平均值较高,采样点周边的地表水、地下水和土壤都有可能受到污染。

2. 水质评价

1) 水化学分类

按照舒卡列夫分类方法,黑河源区矿山废水水化学类型有 $SO_4·Ca·Mg$ 型、$SO_4·HCO_3·Ca·Mg$ 型、$Cl·SO_4·Ca·Mg$ 型、$HCO_3·Ca·Mg$ 型、$SO_4·HCO_3·Na$ 型、$SO_4·Mg·Na$ 型、$Cl·HCO_3·Ca·Mg$ 型、$Cl·Ca·Mg$ 型、$SO_4·Mg·Ca$ 型、$Cl·Mg$ 型、$Cl·HCO_3·Mg$ 型、$SO_4·Mg$ 型。整体而言,阳离子以 Ca^{2+}、Mg^{2+} 和 Na^+ 为主,阴离子以 SO_4^{2-}、Cl^- 和 HCO_3^- 为主,主要水化学类型为 $SO_4·Ca·Mg$ 型和 $SO_4·HCO_3·Ca·Mg$ 型。

由于矿山废水里各种离子组分较多,而且含量较高,按矿化度对其进行分类可以直接地了解其水质特征和污染状况,还可以和研究区其他水体进行比对。从表 4.1 可知,研究区矿山废水的 TDS 较高,有 1 个水样甚至达到了卤水分类的标准,有 3 个水样满足咸水分类的条件,8 个水样属于微咸水分类的范畴,只有 9 个水样符合淡水分类的要求(图 4.3),占比不到 43%。

表 4.1　矿山废水按矿化度分类

分类	矿化度 /(mg/L)	水样数 / 个	占比 /%	样品编号
淡水	<1000	9	42.86	GMMF0101、GDMP0101、JLMP0101 FXMF0101、FXMF0201、FXMF0301 SCMF0101、QFMF0201、XCPW0101
微咸水	1000 ～ 3000	8	38.10	WYMP0101、XLMP0101、GMMF0201 GMMF0301、GMMP0101、GDMP0201 GDMP0301、HCMF0101
咸水	3000 ～ 10000	3	14.29	XSMF0101、STMP0101、SCPW0101
盐水	10000 ～ 50000	0	0	
卤水	>50000	1	4.76	XSMF0201

2) 水质评价

对矿山废水的水质进行评价有助于认识其危害程度,为今后的防治及环境保护提供依据。对于矿山废水,难以界定其属于地表水或是地下水,本次科学考察采用《地表水环境质量标准》(GB 3838—2002),对 Cr(六价)、Pb、As、Cu、Zn、Cd 按照表 4.2 中确定的地表水质量标准进行单因子评价,随后开展综合评价。

共参评 21 个样点,根据《地表水环境质量标准》(GB 3838—2002)Ⅰ 类水的标准限值,可知 Cr(六价)、Pb、Cu 这三种离子含量均属于 Ⅰ 类水质。

有两个样点 As 含量超过 Ⅴ 类地表水环境质量标准限值,其中位于郭密寺矿区的样点超标 1.5 倍,而位于下柳沟矿区的样点超 Ⅴ 类水标准 300 倍,该水样为矿石溶滤液。

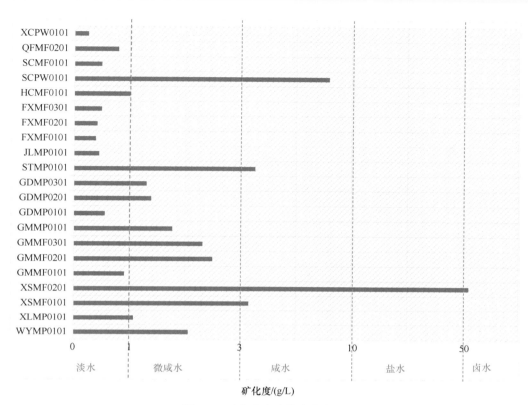

图 4.3　矿山废水矿化度分类图

表 4.2　《地表水环境质量标准》中重金属元素的质量分类　（单位：mg/L）

分类	I 类	II 类	III 类	IV 类	V 类
铬（Cr^{6+}）(mg/L) ≤	0.01	0.05	0.05	0.05	0.1
铅（Pb）(mg/L) ≤	0.01	0.01	0.05	0.05	0.1
砷（As）(mg/L) ≤	0.05	0.05	0.05	0.1	0.1
镉（Cd）(mg/L) ≤	0.001	0.005	0.005	0.005	0.01
铜（Cu）(mg/L) ≤	0.01	1.0	1.0	1.0	1.0
锌（Zn）(mg/L) ≤	0.05	1.0	1.0	2.0	2.0

　　Cd 离子 V 类水超标样点 8 个，超标率接近 40%，主要分布于扎麻什多金属矿集区内，主要是由于矿坑累积的废液和废渣与水体相互作用，后经蒸发浓缩导致。II 类水 6 个，Cd 总体偏高，超过 I 类地表水水质标准限值的 3.9 倍，主要分布于双岔沟和黑刺沟等矿区，扎麻什地区也有少量分布。

　　Zn 离子有一个样点超过 I 类地表水环境质量标准限值，该点位于扎麻什下沟铅锌矿，主要为矿石溶滤液，其余样点均符合 I 类地表水水质标准限值。

　　综合质量评价结果显示（图 4.4），50% 的溶滤水超 V 类，主要分布于大型矿集区，

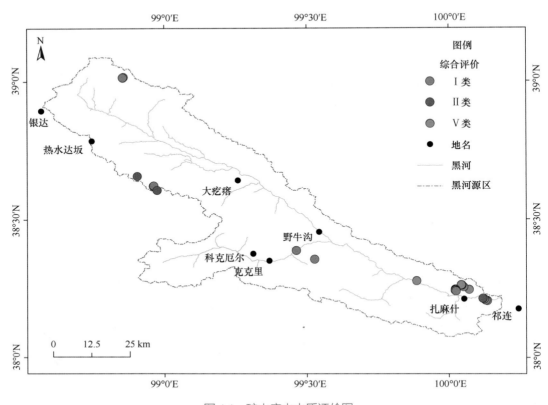

图 4.4　矿山废水水质评价图

多为矿石的溶滤液，从其功能上来说，甚至难以支持农业生产活动。Ⅰ类水质仅占到40%，但这些点的重金属含量均接近水质标准限值。

4.1.2　矿山对土壤环境质量影响分析

在黑河源区内选取多个典型的金属矿山，在其周边共采集土壤 19 份（图 4.5），测试了 Cr、Mn、Ni、Cu、Zn、As、Cd 和 Pb 八种重金属元素的总量（表 4.3）。由于受矿山的影响，矿山土壤中重金属的含量较高，且因不同矿种、不同开采和选冶的方式、不同的采样位置和土壤不同的本底及耐受值而有所差异。一方面各样品的测试数据常出现极值，在频数上不呈正态分布；另一方面这些污染土样仅存在于矿山周边，在大空间尺度上不具有连续分布性，因此不适用于空间分析。仅对这 19 份矿山土壤进行统计分析和环境质量评价，以了解矿山生产对周边土壤环境的影响程度和土壤质量现状，为后续的土壤规划及防治提供依据。

1. 土壤重金属含量统计

如表 4.3 所示，矿山周边土壤的重金属含量异常高，其均值全部超过了天然土

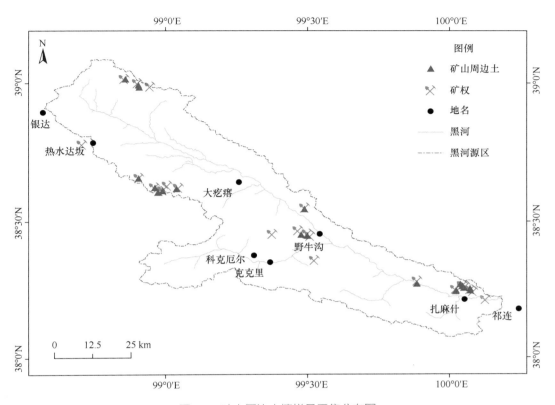

图 4.5　矿山周边土壤样品采集分布图

壤。各重金属的极大值在矿山周边土壤里出现频率极高，如 Pb 和 Zn 的极值都超过了 10000 mg/kg。如果说根据含有多个重金属极值数据计算出来的算数平均值偏高，有效可比性差，那么矿山周边土壤重金属的大多数中位数也超过了天然土壤的平均值，说明确实受采矿活动影响强烈。更何况矿山周边土壤重金属含量的数据都是正偏离（偏度＞0），中位数是远小于平均数的。而从标准差和变异系数可以看出，矿山周边土壤的重金属含量变化较大，波动起伏剧烈，这正是处于特殊环境下的极值造成的。

表 4.3　矿山周边土壤重金属含量统计表　　　　（单位：mg/kg）

样品编号	Cd	Cr	Cu	Mn	Ni	Pb	Zn	As
WYSS0101	1.57	29.71	34.16	556.60	30.62	11.45	46.10	10.99
WYSS0401	4.18	25.46	92.86	477.55	24.73	172.17	234.71	23.43
XLSS0101	10.69	16.25	264.66	498.81	22.92	835.37	1006.81	60.47
XSSS0101	3.69	110.22	89.33	2106.08	120.25	21.06	105.31	15.69
XSSS0901	3.52	39.89	196.41	1006.31	57.72	490.22	160.33	114.22
GMSS0101	69.34	14.71	2497.69	573.94	17.31	14432.85	11400.72	728.03
GMSS0301	65.34	24.40	424.26	426.05	37.35	1193.61	8343.84	51.85
STSS0301	3.68	58.07	117.27	888.26	70.78	36.04	153.08	27.16
ZYSS0101	5.99	83.95	108.54	1280.76	172.83	26.24	125.99	32.13
ZYSS0201	3.48	29.48	47.16	1169.50	39.90	17.10	85.60	21.56

第二次青藏高原综合科学考察研究丛书
祁连山 人类活动变化与影响

续表

样品编号	Cd	Cr	Cu	Mn	Ni	Pb	Zn	As
FXSS0101	2.83	17.10	42.14	592.33	39.54	12.23	83.64	17.92
HCSS0201	2.11	381.78	37.17	645.48	394.38	13.31	97.77	175.36
YSSS0101	2.58	179.97	67.88	786.03	402.53	64.33	129.22	723.11
SCSS0101	4.21	1148.47	6.66	599.41	1615.34	0.00	74.57	82.13
QFSS0201	2.81	611.94	52.44	912.23	619.35	25.18	101.74	42.09
DYSS0101	2.30	629.10	86.13	619.58	806.53	1.06	187.84	11.33
BMSS0301	4.34	69.16	33.76	1343.39	90.26	49.17	189.59	20.39
QLSS0401	3.18	67.96	85.36	1168.78	68.66	19.93	297.39	28.65
QLSS0501	21.16	48.85	70.19	607.52	42.97	325.32	2632.29	14.53
统计参数 最小值	1.57	14.71	6.66	426.05	17.31	0	46.10	10.99
最大值	69.34	1148.47	2497.69	2106.08	1615.34	14432.85	11400.72	728.03
平均值	11.42	188.76	229.16	855.71	246.00	934.03	1339.82	115.84
中位数	3.68	58.07	85.36	645.48	68.66	26.24	153.08	28.65
标准差	20.20	300.93	558.08	417.04	400.38	3284.98	3107.17	218.79
变异系数	1.77	1.59	2.44	0.49	1.63	3.52	2.32	1.89
偏度	2.59	2.29	4.15	1.64	2.61	4.29	2.77	2.63
峰度	5.64	5.19	17.63	3.24	7.47	18.56	6.99	5.82

对比矿山周边与天然土壤重金属的浓度（图 4.6）可以直观地看出，受矿产资源开发影响，矿山周边土壤的重金属含量远超过未受或受人为活动影响较轻的情况下土壤的天然值。计算二者之间的比值，仅 Mn 的平均含量较天然土壤相当，其他重金属均大幅度超过了天然土壤，8 种重金属平均超过倍数为 6.7 倍，而 Pb 超过倍数更是高达 25 倍。

上述分析说明矿山对周边土壤环境的影响是不可忽视的，为了解当前研究区矿山周边土壤的现状，对其进行环境质量评价。

2. 土壤环境质量评价

根据《土壤环境质量标准》（GB15618—2018），对矿山周边的土壤进行重金属含

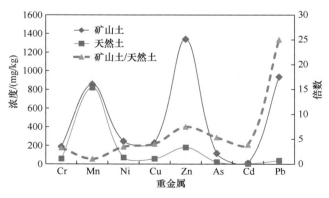

图 4.6　矿山土壤与天然土壤重金属浓度比较图

量的评价与分类（表 4.4）；由于标准中未涉及 Mn，因此未对其进行评价。按该标准对剩余七种重金属进行单要素评价，Cr 评价出的环境质量相对较好，19 个土样中有 13 个达到了一级标准（为保护区域自然生态，维持自然背景的土壤环境质量标准值），占比 68.42%。Cd 评价出的环境质量较差的，19 个土样中 Cd 的最小值为 1.57 mg/kg，而最大值则高达 69.34 mg/kg。根据 Cd 的三级土壤环境质量标准值 1.0 mg/kg，19 个土样全部都超标，超标倍数为 1.57 ～ 69.34。矿山周边土壤中各种重金属的环境质量单要素评价情况和结果如表 4.5 和图 4.7 ～图 4.13 所示。

表 4.4　土壤环境质量标准值　　（单位：mg/kg）

重金属	一级	二级			三级
	pH	pH	pH	pH	pH
	自然背景	<6.5	6.5 ～ 7.5	>7.5	>6.5
Cr（旱地）	90	150	200	250	300
Ni	40	40	50	60	200
Cu	35	50	100	100	400
Zn	100	200	250	300	500
As	15	40	30	25	40
Cd	0.20	0.30	0.60	1.0	
Pb	35	250	300	350	500

表 4.5　土壤重金属环境质量标准评价统计表　（单位：mg/kg，样品数：19 个）

重金属	一级		二级		三级		超三级	
	样点数	占比 /%	样点数	占比 /%	样点数	占比 /%	样点数	占比 /%
Cr	13	68.42	2	10.53	0	0	4	21.05
Ni	7	36.84	2	10.53	5	26.32	5	26.32
Cu	3	15.79	10	52.63	4	21.05	2	10.53
Zn	5	26.32	10	52.63	0	0	4	21.05
As	3	15.79	8	42.11	0	0	8	42.11
Cd	0	0	0	0	0	0	19	100
Pb	10	52.63	5	26.32	1	5.26	3	15.79

综合上述数据和分析研究，可得到以下五点基本认识：

一是受矿山影响的水土环境质量状况较差。对祁连山黑河源区典型历史矿山周边的 19 份土壤样品进行分析，发现重金属含量较高：8 种重金属平均含量超天然土壤 6.7 倍，其中 Pb 平均含量超标高达 25 倍。土壤环境质量评价的结果表明，各重金属含量均存在超三级土壤标准值的情况，其中 19 份土样的 Cd 超标率为 100%，最大超标约 70 倍。矿产资源开发遗留产生的地表渗透水、岩石裂隙水、矿坑水、地下含水层的疏排水，以及井下生产防尘、灌浆和充填污水等组分复杂且污染组分含量较高，特别是一些重金属离子。曾经由采矿和选冶产生的矿山废水通过降水入渗以及径流过程进入研究区地表水体或地下水体，对环境危害较大。

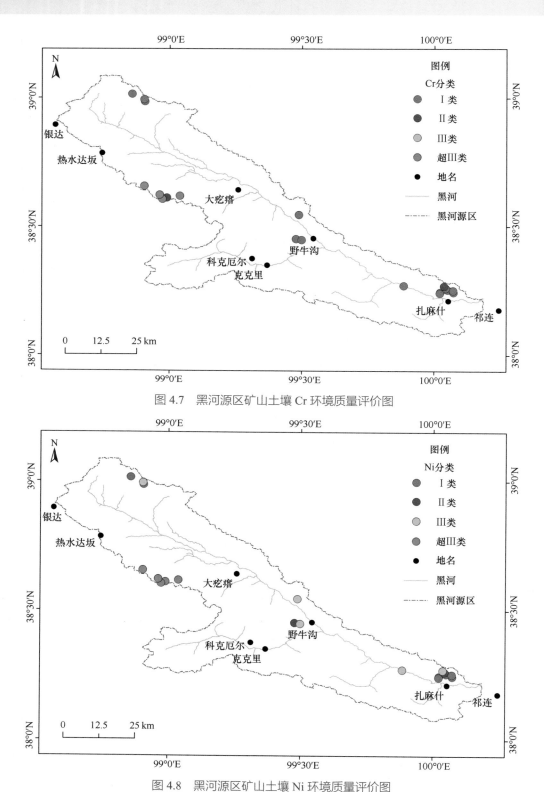

图 4.7　黑河源区矿山土壤 Cr 环境质量评价图

图 4.8　黑河源区矿山土壤 Ni 环境质量评价图

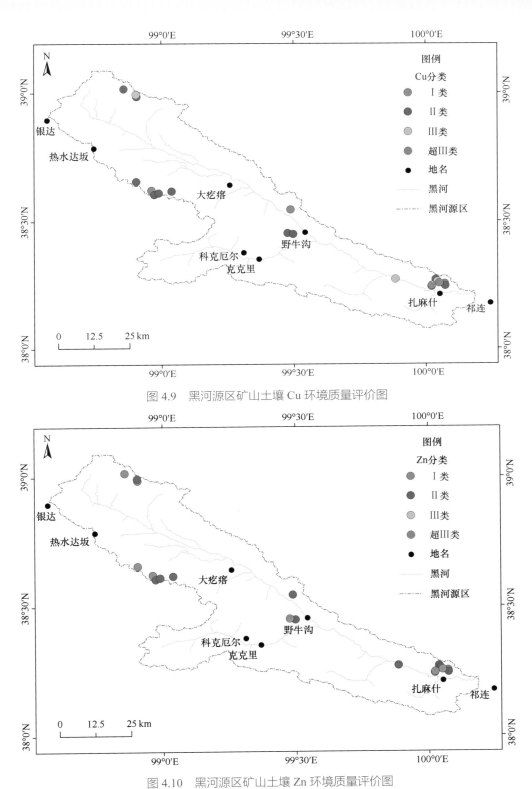

图 4.9　黑河源区矿山土壤 Cu 环境质量评价图

图 4.10　黑河源区矿山土壤 Zn 环境质量评价图

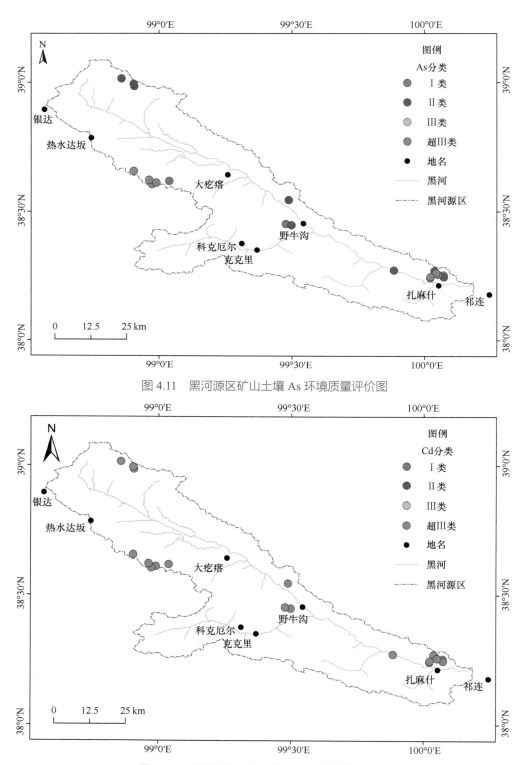

图4.11 黑河源区矿山土壤 As 环境质量评价图

图4.12 黑河源区矿山土壤 Cd 环境质量评价图

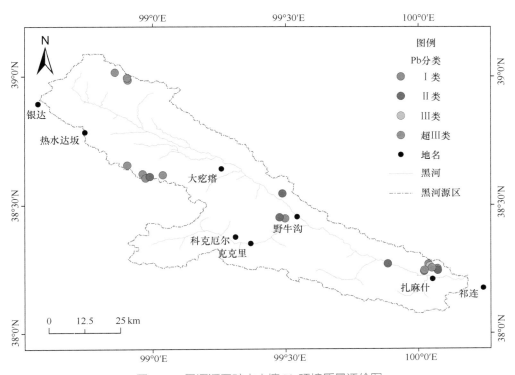

图 4.13　黑河源区矿山土壤 Pb 环境质量评价图

　　二是矿业活动对生态环境的影响远超过自然营力。矿产资源开发活动是人类活动在短时间内对地质体的高强度作用，造成的宏观变化往往难以逆转，特别是在祁连山和青藏高原这样生态环境敏感脆弱的地区。在矿山生态环境中，人为剥离和搬运的物质量已远大于地质作用，原本需要数百万年甚至更长时间的地质过程才能塑造的地形、地貌等，只需数年或更短的时间就能发生强烈的改变。在祁连山这样高寒高海拔的地区，地质作用和人为活动影响相叠加，矿山生态环境系统的结构性变化必然呈加速的态势，且造成的生态环境问题不可逆转。

　　三是祁连山矿山生态环境受外界影响的干扰因素类型复杂。首先，矿产资源开发过程中的开采、运输、加工等人类活动均对矿山生态环境造成影响；其次，受矿业活动影响的对象也呈现出多样化，涉及水、土壤、岩石、生物等多种地质环境要素。这就导致不同矿产资源开发环节引发的生态环境问题种类复杂多样。例如，在祁连山地区矿山开采过程中，许多元素由相对稳定和封闭的地下环境进入水文、大气、生物等较为活跃的开放性地表环境。一方面，环境条件的改变和水文、大气、生物等要素的积极参与，使得这些元素的活性增强；另一方面，开放性的环境也使得这些元素得以积极参与到大气、水文、生物循环中去，造成大气化学、水文地球化学、生物地球化学等过程的改变，产生大气污染、水环境污染、土壤污染和生态环境退化等问题。而在高寒高海拔的祁连山地区，这些生态环境问题显得尤为突出，且生态环境难以恢复。

四是祁连山外界干扰的协同作用明显。矿山生态环境问题类型多样，导致其外界干扰的协同作用明显，易发生连锁反应。地质作用和人为活动影响的叠加会冲击原先物能输移的动力学关系，出现新的协同作用，并有可能逐级放大到祁连山地区之外的更高层级上（如青藏高原）并影响生态环境的各个方面。例如，祁连山开采金属矿种引发的水土污染对植物会产生毒害和胁迫作用，造成植被退化，植被退化会进一步加剧水土流失，造成养分流失、土壤贫瘠、下游河道或水库淤塞及水体污染等。

五是祁连山矿业活动（遗迹）对生态环境的影响正逐渐减弱。尽管祁连山地区原生生态环境敏感脆弱，局域生态破坏严重，地质环境问题集中且突出，但自 2016 年 11 月中央第七环境保护督察组、2017 年 2 月中央督察组开展专项督查以来，首先通报的违法违规开发矿产资源的问题得到整改，区内矿业活动全部停止、矿业遗迹清理退场，生态环境恢复治理责任明确、效果显著，矿山生态环境正逐渐恢复，矿业活动影响正逐步减弱。

4.2 祁连山区域生态环境治理的环境效益分析

4.2.1 祁连山治理的矿产开发变化分析

以采矿业为主体的工业生产带来的三废排放是影响祁连山环境质量的主要原因，通过生态环境治理，区域内不合理的矿产开发得到有效控制，各类矿产资源开采量明显下降，生产排放的污染物也随之减少。利用联合国环境经济核算框架，结合区域生产情况，分析污染物减排带来的环境效益，有助于进一步明确治理成效。

核算研究区生态环境效益需要对区域矿产资源开采及污染物排放的实物量及价值量进行分类统计核算。矿产资源污染物排放账户的结构、内容主要参考联合国发布的《2012 年环境经济核算体系中心框架》进行设置，具体计算根据第一次全国污染源普查结果中矿产资源污染物排放系数标准进行核算。矿产资源污染物减排价值量评估模型较多，本节主要参考目前已有的主流评价结果，同时结合影子工程法、成本替代法等普及度高、操作性强的方法进行实物量的价值化处理。

以受生产活动影响明显的青海省海北藏族自治州、海西蒙古族藏族自治州，以及甘肃省武威市、张掖市作为核算区域。研究所需数据主要涉及研究区矿产资源开采量、污染物排放系数、污染物处理成本等。其中，矿产资源开采量数据来源于研究区各县市 2016 年、2017 年统计年鉴，以及甘肃省、青海省的矿产资源报告、国土资源公报等相关资料；污染物排放系数来源于第一次全国污染源普查中的各类生产排污系数；污染物处理成本数据主要参考已有主流成果，涉及影子工程、成本替代核算的部分数据通过实地走访调查本区域及相关区域获得。

祁连山区矿产资源开发以煤炭、黑色金属、有色金属及非金属矿产为主，具体种类主要包括煤炭、铁矿石、铜矿石、铅锌矿、原盐、石棉等。在生态环境治理后，海北藏族自治州、海西蒙古族藏族自治州、张掖市、武威市四市（州）的矿产资源开采受到不同程度影响，除钨精矿和铁矿石产量少量增加外，其他各主要类型矿产资源 2017 年开采量均较 2016 年明显下降，具体情况参见表 4.6，各市（州）矿产资源开采变化情况见附表 18。

表 4.6　祁连山沿山四市（州）治理前后矿产资源开采情况

矿产类型	2016 年开采量 /t	2017 年开采量 /t	变化量 /t	变化率 /%
原煤	11992339	8981252	–3011087	–25.11
洗煤	1043718	213936	–829782	–79.50
铁矿石	1229201	1409689	180488	14.68
铜	43059	17666	–25393	–58.97
钨精矿	1875	2459	584	31.15
铅选矿产品	59641	53000	–6641	–11.13
锌选矿产品	92106	68200	–23906	–25.95
原盐	2072187	1844300	–227887	–11.00
石棉	114406	68100	–46306	–40.48

4.2.2　祁连山生态环境治理的环境效益核算

利用第一次全国污染源普查结果，明确了祁连山区域内开采的主要矿产资源生产过程中的主要污染物排放系数，具体排放系数参见附表 19 至附表 22。核算类型方面，废气方面重点考虑二氧化硫、氮氧化物和工业粉尘排放，废水方面重点考虑化学需氧量和石油类废物，固废方面重点分析矿产开采过程中产生的固体废弃物，重金属方面重点考虑镉、铅、汞、砷四种重金属元素。根据不同种类矿产资源产污系数与排放系数，最终祁连山区域污染物减排总量公式如下：

$$Q_p = A_i \times \mu_i \tag{4-1}$$

式中，Q_p 为污染物减排总量；A_i 为矿产资源开采总量；μ_i 为排污系数。

结合祁连山区域矿产资源开采的工艺类型，核算了区域生态环境治理后的污染物减排量，具体参见表 4.7。

表 4.7　祁连山环境治理后的环境污染物减排情况

污染物类型	单位	张掖市	武威市	海北藏族自治州	海西蒙古族藏族自治州	四市（州）合计
氮氧化物	万 t	0.53	0	1.02	2.33	3.88
二氧化硫	t	184.22	0	348.00	795.74	1327.96
化学需氧量	t	63.22	279.58	53.74	–27.90	368.64
工业废气量	万 m³	15429.49	0	29147.32	66648.11	111224.92
工业废水	万 t	121.36	465.97	110.39	24.32	722.04
工业粉尘	万 t	0.73	0	1.37	3.14	5.24
汞	mg	5.18	0	3515.20	2751.92	6272.30
镉	g	16.82	0	98.38	64.44	179.64
铅	kg	0.05	0	4.54	3.52	8.11
砷	kg	3.31	0	13.29	7.92	24.52
石油类	kg	468.28	0	884.62	2022.76	3375.66

为将矿产资源环境减排效益价值化，需对矿产资源污染物处理成本进行价值评估。根据 SEEA 对矿产资源污染物的描述与分类，需要核算每项污染物的环境治理成本，其中包括大气污染物、水体污染物、固体污染物等。由于核算过程中所能收集到的数据有限，仅针对水体污染物的环境治理成本开展具体调查核算工作，其余成本均参考国内相关研究成果。具体污染物环境治理成本见表 4.8。

表 4.8 单位矿产污染物环境治理成本

污染物名称	单位污染物环境治理成本
氮氧化物	4372 元 /t
二氧化硫	1108 元 /t
化学需氧量	3502 元 /t
工业废水	1.10 元 /t
工业粉尘	260 元 /t
汞	4588 元 /kg
镉	9350 元 /t
铅	2698 元 /kg
砷	1573 元 /kg
石油类	1037 元 /t

根据污染物减排量，结合各污染物的环境治理成本，核算了祁连山区域生态环境治理后的环境效益。其中，张掖市环境效益总值 2683.58 万元，武威市环境效益总值 610.48 万元，海北藏族自治州环境收益总值 4997.80 万元，海西蒙古族藏族自治州环境收益总值 11110.69 万元，四市（州）环境效益共计 19402.55 万元，各地市生态环境治理后的环境效益见表 4.9。

表 4.9 区域环境治理后的环境效益总值 （单位：万元）

污染物类型	张掖市	武威市	海北藏族自治州	海西蒙古族藏族自治州	四市（州）合计
氮氧化物	2317.16	0.00	4459.44	10186.76	16963.36
二氧化硫	20.41	0.00	38.56	88.17	147.14
化学需氧量	22.14	97.91	18.82	−9.77	129.10
工业废水	133.50	512.57	121.43	26.75	794.25
工业粉尘	189.80	0.00	356.2	816.40	1362.40
汞	0.00	0.00	0.00	0.00	0
镉	0.00	0.00	0.00	0.00	0
铅	0.01	0.00	1.22	0.95	2.18
砷	0.51	0.00	2.04	1.22	3.77
石油类	0.05	0.00	0.09	0.21	0.35
总计	2683.58	610.48	4997.80	11110.69	19402.55

4.2.3　祁连山生态环境治理的生态环境效益综合分析

2017 年以来的生态环境治理，有效限制了区域内的人类活动，工业用地的复垦增加了区域内的生态系统服务供给，对采矿生产的控制减少了区域内矿产资源开采量，生产中排放的环境污染物相应减少。生态系统服务供给量的增加和环境污染物的减排，直接说明了区域生态环境治理的积极成效。

对生态系统服务增量和环境污染物减排量进行价值化评估，有助于更加直观地反映生态环境治理的效益，同时便于将效益与治理花费的成本相关联。结果表明生态环境治理后生态系统服务价值增量 499.03 万元（具体核算见本书第 3 章），环境污染物减排价值 19402.55 万元，两者合计 19901.58 万元。

从结果上看，生态系统服务价值的增量变化较小，其原因一方面是复垦的工业用地的面积较为有限，同时目前复垦的植被处于演替初期，其提供的新增生态系统服务总量有限；另一方面是目前采用的模型仅覆盖了区域内的部分生态系统服务类型，在一定程度上导致评价值偏小。

上述核算面向的是生态环境治理对本地区的直接影响，并未考虑祁连山提供的生态系统服务对相关区域的贡献，如果单纯用上述核算结果反应祁连山生态环境治理的全面效益，是较为片面的。祁连山生态环境治理的出发点更多的是考虑其屏障作用，是为了保障更大范围人民群众的福祉，要全面评价区域生态环境治理的意义，不仅要从局域角度开展评估，还要从全域视角出发开展分析。

4.3　小结

矿山开发是祁连山最为典型的人类活动，矿山开发产生的废水、废气、废渣排放对区域水体及土壤环境质量造成了一系列负面影响。为了定量分析矿山开发对区域环境的影响，本次科学考察采集、分析了矿区周边土壤和水样品。分析结果表明，矿山周边的土壤及水体中的重金属含量较高，其中土壤中 Cd 超标率为 100%，最大超标率约为 70 倍，环境质量现状堪忧。

祁连山生态环境治理后，区域内不合理的采矿行为得到有效控制，主要矿产的开采量明显下降，相关污染物排放量下降，产生正向环境效益。为了明确祁连山生态环境治理后的环境损益情况，科学考察队基于相关统计与监测数据，利用环境经济核算体系中的污染物排放账户，对生态环境治理后的环境效益进行全面核算，减排各类污染物的区域局域环境效益价值 1.94 亿元。进一步结合第 3 章生态环境治理后的新增生态系统服务价值核算结果，发现生态环境治理后区域年新增生态环境效益价值约达到 1.99 亿元。

第 5 章

祁连山生态环境治理的区域
经济与生计影响分析

　　由于区域自然地理、人文历史等多方面原因，祁连山地区经济发展、财政收入主要依赖矿产、水电等资源开发项目，群众生活以传统畜牧业为主。而上述领域是祁连山生态环境治理过程中重点关注的社会经济行业，在治理过程中大量矿产、水电企业关停或整改，核心区生活的牧民外迁，这对祁连山的经济发展造成了一定冲击。本次科学考察通过汇总区域统计数据、收集企业与住户调查数据，分析祁连山生态环境治理对区域总体经济及对农牧户生计的影响情况，为科学制定区域生态与生计双赢的发展政策提供基础。

5.1　祁连山区域生态环境治理的经济损失分析

　　祁连山生态环境治理重点围绕区域内的采矿、旅游、水电、畜牧行业展开，纠正上述行业不合法、不合规、不合理的开发行为。这对区域的社会经济发展造成了一定的短期影响，特别是甘肃省武威、张掖两市，以及青海省海西蒙古族藏族自治州、海北藏族自治州，上述四市（州）由于采矿及相关下游行业生产总值占区域经济生产总值的比例较大，受影响较为明显。

　　统计数据显示，张掖市、武威市、海北藏族自治州三市（州）地区生产总值均负增长。张掖市 2017 年总产值为 376.96 亿元，相比 2016 年的 399.94 亿元，下滑了 22.98 亿元，增长率为 –5.75%；武威市 2017 年总产值为 430.44 亿元，相比 2016 年 461.73 亿元，其下滑了 31.29 亿元，增长率为 –6.78%；海北藏族自治州 2017 年总产值为 82.91 亿元，相比 2016 年的 100.67 亿元，经济总量下滑了 17.76 亿元，增长率为 –17.64%。总体上，三市（州）2017 年地区生产总值比 2016 年下滑了 72.03 亿元。

　　三市（州）中第二产业产值下降幅度最大。张掖市 2017 年第二产业产值为 97.45 亿元，相比 2016 年的 110.13 亿元，下滑了 12.68 亿元，增长率为 –11.52%；武威市 2017 年第二产业产值为 127.95 亿元，相比 2016 年的 170.74 亿元，下滑了 42.79 亿元，增长率为 –25.06%；海北藏族自治州 2017 年第二产业产值为 23.83 亿元，相比 2016 年的 44.42 亿元，下滑了 20.59 亿元，增长率为 –46.35%。上述三市（州）第二产业产值 2017 年比 2016 年下滑了 76.06 亿元（图 5.1）。总体上，武威市地区生产总值下滑总量最大，但地区生产总值下滑速率海北藏族自治州最高。

　　在第二产业各行业中，经济下滑行业主要出现在生态环境治理中重点整治行业，具体包括采矿业，以及与采矿相关的制造业等。以张掖市为例，2017 年采矿业较 2016 年产值下降 7.42 亿元，具体为黑色金属采选业下滑了 7.42 亿元，有色金属采选业下滑了 0.68 亿元，煤炭开采洗选业下滑了 5.01 亿元，非金属开采业下滑了 1.34 亿元。与采矿业相关的下游产业也受到明显影响，主要体现在制造业中，其中黑色金属冶炼和压延加工业下滑了 0.53 亿元，非金属矿物制品业损失了 1.2 亿元，有色金属冶炼压延工业损失了 17.71 亿元。

　　海西蒙古族藏族自治州地区生产总值虽继续保持增长，但第二产业增速也出现明显放缓的情况。总体而言，相较于 2016 年，2017 年武威市、张掖市、海北藏族自治州

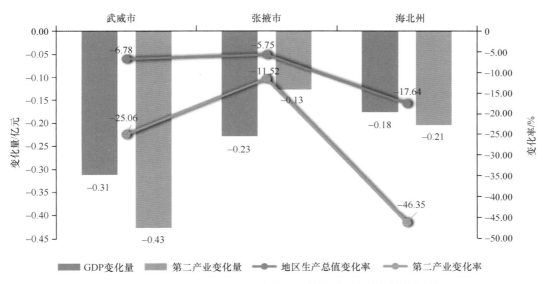

图 5.1　祁连山 2016 ～ 2017 年生态环境治理对区域经济的影响

三市（州）的第二产业增加值减少了 76.08 亿元，抵扣海西蒙古族藏族自治州增长后，四市（州）总的第二产业增加值减少 53.09 亿元。生态环境治理带来的影响一目了然。同时这也给区域经济转型发展提供了一次难得的机遇，结合区域情况找准出路，转危为机，实现区域生态与生计的双赢是当前区域发展的核心问题。

5.2　祁连山农牧民生计资本与生计模式分析

生计资本的过少直接影响祁连山农牧民收入及可持续生计能力。通过对区域内不同区域生计资本的核算以及对生计模式的分析，有助于我们发现祁连山可持续发展的问题，规划可持续发展路径。

5.2.1　祁连山生计资本分析

生计包含了人们为了谋生所需要的能力、资本（包括物质和社会的资源）以及所从事的活动。只有当一种生计能够应对压力和打击、并在压力和打击下得到恢复，能够在当前和未来保持甚至加强其能力和资本，同时又不损坏自然资源基础，这种生计才是可持续的。近年来，以英国国际发展部（Department for International Development，DFID）为代表的发展研究机构和非政府组织提出了 "可持续生计框架"（sustainable livelihoods approach，SLA）。DFID 的可持续生计分析框架是用一个二维平面图来展示生计构成核心要素及要素间的结构与关系，这个生计框架是帮助人们认识生计状况的一个工具，并对与农户生计有关的复杂因素进行分析的一种方法。整个框架如图 5.2 所示。

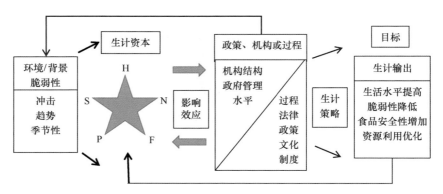

图 5.2　可持续生计框架示意图

H：人力资本；N：自然资本；F：金融资本；P：物质资本；S：社会资本

资料来源：Chambers.R 和 G.Conways 1992 年所著 *Sustainable Livelihood Guidance Sheets*

实现不同生计策略的能力依赖个人拥有的物质和社会资本，有形资本和无形资本。可持续生计框架中把生计资本细分为 5 类：自然资本、金融资本、物质资本、社会资本和人力资本。

自然资本是描述农牧民对自然资源存量的占有情况，也是农牧民不同生计模式形成的重要因素。物质资本包括用以维持生计的基本生产资料和基础设施。对于农牧民而言，牛羊等畜牧的拥有量是其重要的物质资本。金融资本是消费和生产过程中需要的货币积累和流动，主要指现金收入等。社会资本意味着人们在追求生计目标过程中所利用的社会资源。人力资本代表着知识、技能、能力和健康状况等。人力资本也是农牧民发挥自身能动性，主动组合优化使用其他几类资本，谋求生计的基础。

在制度和政策等因素造就的风险性环境中，在资本与政策、制度相互影响下，作为生计核心的生计资本的性质、状况和组合，决定了采用生计模式的类型，从而导致某种生计结果，生计结果又反作用于生计资本，即影响生计资本的性质和状况。例如，草地资源丰富的地区，自然资本较高，当地农民通常会高度依赖草地资源而发展畜牧业，并带来牛羊等丰富的物质资本，并逐渐形成如何养殖、转场、减少牲畜死亡等技能的人力资本。而高度依赖某一种资本的生计模式，其抵御风险能力较弱，在遇到关键资本减少或破坏时，会严重影响其生计收入。

获取祁连山农牧民的生计资本现状，并判断各县区生计资本与全国农村的平均水平之间的差距，需要构建适合的生计资本测量指标体系，并进行数据搜集和数据分析。指标体系的构建遵从科学性原则、概括性原则、可操作性原则和整体性与区域性相结合原则。数据搜集的渠道包括现有的统计资料（全国农村统计年鉴、县域统计年鉴），入户问卷（项目组自制调查问卷），以及已有的文献成果和数据资料。其中入户问卷通过实地调查直接从农户获得。调查的内容包括农户的五种生计资本和生计策略状况等信息。

在满足以上四个指导原则的基础上，在可持续生计框架结构上构建农户可持续生计资本测量指标体系。

(1) 可持续生计框架将生计资本分为自然资本、金融资本、物质资本、社会资本和人力资本五个维度,农户拥有或可以获得的资本直接影响着他们的福利并对它们摆脱贫困和致富产生强有力的影响。因此,确定自然资本、金融资本、物质资本、社会资本和人力资本五个维度为农户生计可持续生计资本测量指标体系的准则层。

(2) 在把总目标分解为具体的准则之后,筛选出每个准则下的关键指标。

借鉴国内外生计资本量化研究的成果和祁连山农牧民生计环境特色,设计了适用于祁连山区测量农户生计的问卷并选取了合适的测量指标、指标量化数值和计算公式。

(3) 对五大生计资本选择的指标进行量化。为了与全国平均水平进行比较,确定祁连山农牧民生计资本水平的多寡,以各指标全国平均水平为比较对象进行标准化,计算结果如果大于 1 则表示该地区此项资本优于全国平均水平,如果小于 1 则表示相对全国水平而言,此项资本比较匮乏。

(4) 权重的确定,为了避免人为因素干扰过多,同层次下的各类指标以等权形式确定权重,但在牧业水平指标层,考虑到不同牲畜价值的差异进行权重区分,具体的指标选择和权重见表 5.1。

表 5.1　农户生计资本测量指标表

目标层	准则层	指标层	权重
人力资本	人力资本数量	劳动力占全村人口比例 (I1)	0.5
	人力资本质量	受教育程度综合值 (I2)	0.5
自然资本	土地生产潜力	耕林草水地类生物生产性面积 (I3)	0.5
	生态系统服务量	生态系统服务 (ecosystem services, ES) 价值 (I4)	0.5
物质资本	基础设施水平	不同等级道路加权密度 (I5)	0.25
	家庭生活水平	农村用电量 (I6)	0.25
	农业生产水平	农村机械总动力 (I7)	0.25
	牧业生产水平	大牲畜年底存栏 (I8)	0.139
		猪年底存栏 (I9)	0.083
		羊年底存栏 (I10)	0.028
金融资本	金融资本流量	农村可支配收入 (I11)	0.5
	金融资本存量	财产净收入 (I12)	0.5
社会资本	社会支持水平	转移性收入 (I13)	0.5
	密切的外界联系	交通通信费用 (I14)	0.5

(5) 在对五大生计资本进行指标量化后,通过设定每类生计资本中各个指标的比例,最终可以计算农户各类生计资本的数值,而农户五大生计资本的总值就可以反映出农户生计资本的拥有程度 (表 5.2)。

通过比较祁连山与全国农村生计资本拥有水平的多寡,把各个市县区划归为不同类别,当该县区某项生计资本低于全国平均水平时,设定其资本较匮乏,反之亦然。通过比较各生计资本水平,祁连山的 15 个县区可分为七类 (表 5.3)。

表 5.2　生计资本测量结果

	金融资本	物质资本	自然资本	人力资本	社会资本	总资本	排序
全国	1	1	1	1	1	1	10
青海省海西蒙古族藏族自治州							
德令哈市	0.96	1.77	25.71	0.78	0.86	6.02	3
天峻县	1.00	5.49	54.75	0.71	0.61	12.51	1
青海省海北藏族自治州							
祁连县	1.30	5.77	19.24	0.69	2.34	5.87	5
刚察县	0.52	6.09	19.97	0.81	1.94	5.87	4
海晏县	2.00	3.05	14.81	0.80	1.40	4.41	6
门源县	0.81	1.48	2.53	0.69	1.35	1.37	9
青海省海东市							
互助县	0.45	0.86	0.61	0.72	0.56	0.64	14
乐都区	0.48	0.83	0.65	0.87	1.00	0.77	12
民和县	0.54	0.85	0.30	0.69	0.82	0.64	15
甘肃省武威市							
天祝县	0.33	5.87	2.50	0.73	0.71	2.03	7
古浪县	0.42	0.87	0.51	0.78	0.38	0.59	16
甘肃省张掖市							
肃南县	0.72	3.41	29.56	0.81	0.47	6.99	2
民乐县	0.54	0.70	0.56	0.66	0.98	0.69	13
山丹县	1.02	0.90	5.60	0.90	1.15	1.91	8
甘肃省酒泉市							
肃州区	1.31	1.73	0.33	0.84	0.66	0.97	11

表 5.3　祁连山农牧民生计资本类型

大类	小类	市县区	类型
自然资本丰富型	人力资本匮乏型	祁连县	牧业优势
	社会人力资本匮乏型	海晏县	牧业优势
		天峻县	牧业优势
	物资人力资本匮乏型	山丹县	农业优势
	金融人力资本匮乏型	刚察县	牧业优势
		门源县	半农半牧
	金融人力社会资本匮乏型	肃南县	半农半牧
		德令哈市	农业优势
		天祝县	半农半牧
自然资本匮乏型	社会人力资本匮乏型	肃州区	农业优势
	全匮乏型	古浪县	农业优势
		互助县	农业优势
		民和县	农业优势
		民乐县	农业优势
		乐都区	农业优势

　　通过分析发现，整体上，祁连山生计资本呈现出牧区优于农区、南坡优于北坡的总体特征。与全国平均水平相比该区域的物质资本、自然资本水平较高，但金融资本、人力资本与社会资本水平较低。

　　通过与全国农村平均水平对比发现天峻县、肃南县、德令哈市、刚察县、祁连县、海晏县、天祝县、山丹县、门源县的生计资本水平优于全国农村平均水平（图 5.3）。上述各市县区都属于自然资本比较丰富且牧业产值占优的市县区，其自然资本丰富主要得益于人均拥有大面积的草场，这也使得人均拥有的物质资本（包括牲畜拥有量等）普遍高于全国平均水平。

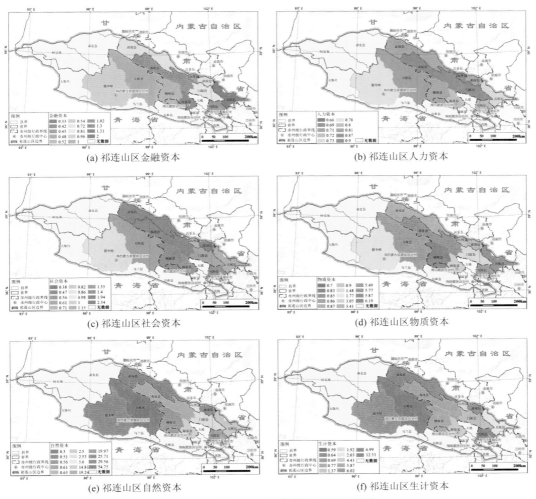

图 5.3　祁连山及周边农牧民生计资本图

　　整个祁连山牧区的自然资本和物质资本整体上要优于全国平均水平。而农牧民的人力资本都比较匮乏，其受教育程度和劳动力数量普遍低于全国平均水平。祁连山区域大部分市县区的金融资本和社会资本要低于全国平均水平。农业产值占优的区域，除了德令哈市、山丹县军马场、肃州区外，五种生计资本都低于全国平均水平，可见农牧民生计资本缺乏。

从区域发展情况来看，由于区域人力资本匮乏、金融资本和社会资本不足，自然资本和物质资本较丰富，导致农牧民过度依赖自然资本，其丰富的物质资本也是基于自然资本而存在，这使得当地农牧民转换生计模式，从事其他行业存在较高的风险，为其改善生计途径增加了困难。

5.2.2 祁连山农牧民生计模式分析

农户生计活动可归纳为两类：一类是建立在自然资源基础上，另外一类是非自然资源基础上的生计活动。农牧业属于前者；农民的外出务工、农村贸易、农村服务业、农村加工制造业属于后者。农民的生计方式可能是单一的，也可能是多样化的。一般情况下，农牧民的生计资本是影响其生计策略的主要因素。

通过时序的统计年鉴和调查数据分析祁连山农牧民中农牧业和其他行业从业人员以及收入的变化来分析近年来祁连山区海北藏族自治州、张掖市和武威市农牧民生计模式的变化，发现如下结论：

三次产业产值方面，总体上，祁连山区域第一、第三产业产值基本呈持续上升趋势，第二产业产值呈现波动态势，祁连山范围内的海北藏族自治州、张掖市和武威市第二产业产值在生态环境治理以来都呈现出不同程度的下降。

农牧民中从业人数方面，各市（州）农牧民中总从业人口变化不大，但从事农业的人数占比总体呈现下降趋势，农业收入中总农牧民的总收入份额也呈现下降趋势。

结合乡村劳动力从事农业人数和产业的发展状况，运用乡村产劳弹性系数分析发现，整体上，农业经济发展速度快于从业人员增长速度，两者之间大部分年份和区域属于集约型的耦合关系，集约型模式反映了农业经济的发展趋于集约化、精细化，与传统的粗放发展方式具有显著区别，这有利于提高生产效率进而提升农民收入，但与全国平均水平比较，本区域的农业生产效率仍有较大提升空间。另外从整体的农民收入结构来看，非农收入所占比例不断提升，同时农业的从业人员不断减少，并分流到其他行业，目前主要转入对人力资本要求不高的建筑业等劳动密集型行业。以省市两级统计年鉴数据为基础，分析各州市具体情况如下。

1. 青海省海北藏族自治州居民生计模式总体分析

产值情况：图5.4展示了海北藏族自治州2000～2017年三次产业产值的变化情况。海北藏族自治州的第一、第三产业产值基本呈逐年增加的趋势；第二产业产值呈现波动变化趋势，第二产业产值2012年以前逐年上升，2012～2015年呈现逐年减少的趋势，到2016年开始回升，到2017年由于环保措施的重锤整治，以采矿为支柱产业的第二产业产值急剧下降，低于第三产业产值，略高于第一产业产值。

农牧民从业情况：海北藏族自治州乡村农牧民中总从业人口变化相对较为平稳，

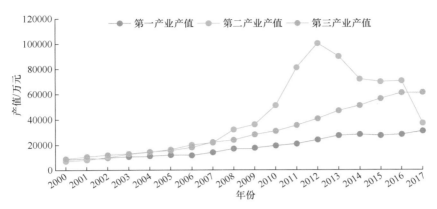

图 5.4　海北藏族自治州三次产业产值（1978 年可比价）

从事农牧业总人数及其所占比例趋于下降。

　　海北藏族自治州农牧民从业人口总体上维持在 11 万人左右，近些年具有小幅度的增加趋势。非农行业从业人口整体上是增加的趋势，2016 年的海北藏族自治州农牧民非农行业从业人口比例达 44.42%，但在 2017 年有所下降。农牧业从业人口呈现出减少的态势，从 2009 年的 66.35% 下降到 2016 年 55.58%，但 2017 年具有一定幅度的增加。

　　总体上，海北藏族自治州农牧业从业人员的比例呈下降趋势，但在此时间段内（2000～2017 年）均在 50% 以上。在非农行业中，从事建筑业的人口较多，依次为工业、其他行业、批发零售业、住宿餐饮业、交通运输仓储和邮政业。

　　收入情况：以 1978 年可比价计算（注：以下如没有特殊说明，其收入和产值都以 1978 年可比价计算），2010～2016 年农牧民的人均可支配收入（或纯收入）呈逐年增加趋势；2010～2016 年农牧业收入占总收入的 20% 左右，且呈下降趋势；在其他行业中，占比较大的行业主要包括建筑业、工业、批发零售业。

　　农牧业劳动投入的效益：结合乡村劳动力从事农业人数和产业的发展状况，运用乡村产劳弹性系数分析发现，整体上，海北藏族自治州农业经济发展速度与从业人员的变化不一致，两者之间属于“集约型”的耦合关系。自 2010～2016 年，海北藏族自治州的第一产业产值逐年增加，但从业人口呈现出先减后增的变化，从 2010 年的 7.77 万人减少到 2014 年的 6.26 万人，之后又增加到 2016 年的 6.72 万人。

　　目前总体上海北藏族自治州整体处于集约型模式。农牧业产值持续增加，但农牧业从业人员数量变化不稳定。但是这种趋向于集约型的模式反映了海北藏族自治州的农业发展水平不断提高，有利于增加农民收入、促进乡村经济发展。从整体的农民收入结构来看，海北藏族自治州农牧民收入中非农收入占比较大，反映了海北地区农牧民的收入趋于多元化。

2. 甘肃省张掖市居民生计模式总体分析

　　产值情况：图 5.5 展示了张掖市 2000～2017 年的三次产业产值，从图中可以发现，在 2014 年之前整体呈现增加趋势，2014～2017 年，第二产业产值呈现出逐年递减的

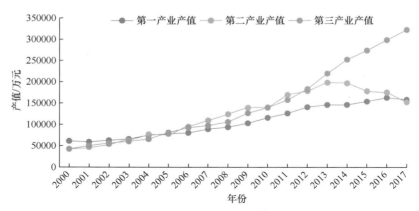

图 5.5　张掖市三次产业产值（1978 年可比价）

态势；第一、第三产业产值均呈现出逐年递增趋势。

　　2014 年之后张掖市的第二产业产值呈现出负增加趋势，其中第一产业产值在 2017 年也是负增加的状况，进而导致地区的总产值在 2017 年出现了负增加。

　　从业情况：张掖市乡村从业人员人口数量呈增加态势；其中从事农林牧渔业的人数呈下降趋势，并且其所占农村从业人员的比例也呈现出下降趋势，这使得乡村从业人口中从事非农行业的建筑业、工业、批发零售业人口数量等出现增加。

　　2000 ～ 2016 年，张掖市乡村从业人口数量总体呈逐年增加趋势，2016 年乡村从业人口数量有小幅度的下降，另外非农行业从业人口数量却一直保持增加趋势，但农业从业人口数量在乡村从业人员增加的状况下呈现出了下降的趋势。

　　在从事不同的行业中，农林牧渔从业人员占比从 2002 年的 69.22% 下降到 2016 年的 53.39%，张掖市从事农林牧渔的人员占比一直处于下降趋势。而在非农行业从业的乡村劳动力呈现出增加的态势，主要集中在建筑业、批发零售业、工业等行业，且从事建筑业、工业、批发零售业、其他行业的从业人员总体呈现出增加态势。

　　收入情况：以 1978 年可比价计算（注：以下如没有特殊说明，其收入和产值都以 1978 年可比价计算），2010 ～ 2016 年农民的人均可支配收入（或纯收入）呈逐年增加趋势，从 2010 年的 1039.91 元增加到 2016 年的 1855.87 元，年均增长率为 10.13%。与从事农业相比，从事非农行业的人均收入从 2010 年的 3105.2 元增加到 2016 年的 6565.39 元，年均增长率为 13.29%。2010 ～ 2016 年，张掖市农民从事农业的收入占其总收入的比例呈现出逐年递减的趋势；而农民从事非农行业的收入呈现出增加的趋势，其中占比较大的行业主要包括建筑业、工业、其他行业等。

　　从张掖市总体的从业人员和人均收入（行业平均工资）来看，农业收入占其总收入的比例较高，但是总体上农业收入占比呈现出持续下降的态势，从事非农行业对于农民的收入的贡献趋于增加。2016 年，张掖市所有农民中 53% 农业从业人口的收入占农民总收入的 24.46%。

　　农业劳动投入的效益：总体上张掖市农业经济发展速度的增加高于农业从业人数增加率，两者之间呈现出"集约型"的耦合关系。张掖市作为西部地区重要的商品粮基地，其第一产业产值总体呈增加趋势，但从事农业的人员数量变化却呈现出持续减少的态势。2000 ~ 2017 年，张掖市的第一产业产值呈现出增加的态势，但在 2017 年有小幅度的下降，农业从业人口数量呈现出递减趋势。

农业产业的发展与农业劳动力变化的耦合关系，不仅体现的是区域农业转型发展的过程，也同时描述了乡村地域空间转型发展的路径。目前张掖市整体处于集约型模式。2003 ~ 2016 年张掖市农业产值的增加也伴随着农业从业人员的减少，改变了原先粗放的生产方式，进而转向更加精细化的生产。这对于农民增收、区域环保具有重要意义。从整体的农民收入结构来看，张掖市的农民从事非农业的收入占比呈现出递增的趋势，反映了随着农业生产转向集约型模式，乡村的劳动力进而分流到其他行业，但主要转入对人力资本要求不高的劳动密集型行业，如采矿业、制造业、建筑业等。

3. 甘肃省武威市居民生计模式总体分析

产值情况：图 5.6 反映了武威市 2000 ~ 2017 年的三次产业产值变化状况，从图中可以发现，武威市各产业产值总体上呈现增加趋势，但其中第二产业产值在 2014 年之后有一定程度的下降，在 2014 ~ 2017 年第二产业产值呈现波动变化，在 2016 年上升的基础上，2017 年又出现较大幅度降低趋势；第一、第三产业均呈现出逐年递增趋势。

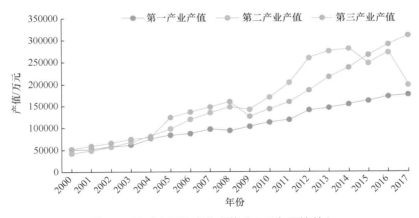

图 5.6　武威市三次产业产值（1978 年可比价）

从业情况：武威市乡村从业人员人口数量变化相对较为稳定；其中从事农林牧渔业的人数变化总体呈下降趋势，并且其所占农村从业人员的比例也呈下降趋势。

武威市的乡村从业人口 2000 ~ 2016 年的变化相对稳定，基本保持在 83 万人左右，其中非农行业从业人口也一直保持增长趋势。农业从业人口的数量持续减少，其占乡村从业人员的比例呈现出持续下降的态势，从 2000 年的 72.8% 下降到 2016 年的 56.84%。

分析武威市 2002 ~ 2016 年乡村劳动力不同行业的人口比例可知，武威市农林牧渔从业人口比例一直处于下降趋势。在非农行业的乡村劳动力主要以其他行业、建筑业、工业、批发零售业等为主，其中从事建筑业的人口比例从 2002 年的 4.88% 增加到 2016 年的 9.94%，反映了农村劳动力从业更加多元化，而不仅局限于单一的传统的农业生产。

收入情况：以 1978 年可比价计算，2010～2016 年农民的人均可支配收入（或纯收入）呈逐年增加趋势，从 2010 年的 848.89 元增长到 2016 年的 1599.19 元，年均增长率为 11.33%。与从事农业相比，从事非农行业的人均收入从 2010 年的 3337.29 元增长到 2016 年的 7466.93 元，年均增长速度为 14.36%。

2010～2016 年武威市农民从事农林牧渔的收入占其总收入的比例呈现出逐年递减的态势；在农民从事的其他行业的收入中，占比较大的行业主要包括建筑业、工业以及其他行业等。结合武威市整体的从业人员和人均收入（行业平均工资）来看，农业收入占其总收入的比例从 2010 年的 35.56% 下降到 2016 年的 18.64%，呈现出逐年递减的趋势。2016 年，武威市所有农民中 56.84% 农业从业人口的收入占农民总收入的 18.64%。

细分到具体的行业后，总体上武威市农民的收入构成中其他行业的收入高于农业收入，从事农业的收入呈逐年递减趋势，而从事建筑业的收入也较高，并在 2013 年超过了从事农业的收入。

农业劳动投入的效益：整体上武威市农业经济发展和农业从业人数的呈现出相反的发展方向，两者之间属于"集约型"的耦合关系；武威市的第一产业产值总体呈增加趋势，但从事农业人员数量变化却呈现出与农业经济发展变化相反的趋势，农业从业人员不断减少，导致农业产值与农业从业人口之间的耦合关系逐渐转变为集约型模式。2001～2017 年农业经济发展的产值呈递增趋势，而从事农业的人数总体下降。

农业劳动力投入是农业生产不可或缺的要素，二者之间不同组合状态反映了农业发展的过程。总体上看，2003～2016 年武威市农业经济发展和农业从业人员之间呈现了增长型模式向集约型模式的转型。集约型模式反映了农业经济的发展趋于集约化、精细化，与传统的粗放发展方式具有显著区别，这有利于提高生产效率进而提升农民收入。从整体的农民收入结构来看，武威市的农民收入构成中非农收入占的比例越来越高，农业从业人员不断分流到其他行业，如转入对人力资本要求不高的建筑业等劳动密集型行业，这导致农业从业人员不断减少。

5.3 祁连山生态环境治理对农牧民生计风险的影响

农牧民在选择外出务工时生计风险主要包括收入的变化和就业难度的变化。通过问卷调查，对祁连山区域农牧民的收入情况及就业难度进行了全面调查。根据调查结果可知，在祁连山生态环境治理后，外出务工的农牧民中大部分表示收入没有显著变化，但就业难度明显增加，尤其是对从事工程车作业、建筑业、承包工程和打零工的农牧民影响最大，而对从事电焊工等技术工种以及农业的影响较小。

农牧民外出务工的收入和就业难度情况受自身的人力资本特征和市场环境影响较大。具体的影响有：对于已掌握相关行业技能的熟练工种，生计风险较小。部分农牧民外出务工依然选择农业行业，如采棉花、开拖拉机等，其就业难度和收入的影响都会较小，但从前面的分析可知，其整体收入相对其他行业较低；另外，部分农牧民通过其他渠道掌握某项技能的，如电焊工、维修师等（划分行业归为工业），其生计风险也较小，收入和就业难度变化都不大。从事依赖自然资源开发行业，受自然资源开发和环境政策影响较大。因祁连山生态环境治理政策出台，与其相关的采矿业，或者为采矿服务的工程车作业类，生计风险增加，主要表现为就业难度大大增加，超过 80% 的相关从业者表示祁连山生态环境治理后就业难度增加。从事与市场大环境发展紧密的行业，与经济发展本身有密切的关系，如部分从事零工和建筑业的农牧民，由于自身缺乏某项专长，其生计风险也较大。

具体到全部调查户中，表示收入减少的占到 23%，收入没变化的占到 63%，只有 14% 的人表示收入有所增加；针对就业难度的变化，其中有 44% 的人表示就业难度增加，52% 的人表示没有变化，有 4% 的人表示就业难度减少。

在调查的所有户中，有 70.4% 以上的家庭都有成员外出务工的情况，按调查人数来看，39.5% 的农牧民都存在外出务工的情况。考虑到农牧民从业行业的限制，以及祁连山生态环境治理对农牧民从事挖掘机等工程车作业影响较大，在细分行业时并没有严格按照统计部门调查门类进行归类，并把从事驾驶工程车作业单独作为一个行业进行分析。通过调查可知，目前农牧民外出务工按从事人数的比例从高到低依次为零工、建筑业、服务业、其他行业、农业、工业、运输业、批发零售业以及工程和驾驶工程车，包括挖掘机和铲车等。其中有 12.4% 依旧从事与农业相关的行业。

在调查的人群中，大部分收入基本保持不变，但对收入增加和收入减少的人群进行分析发现，除了从事农业和工业的两大行业外，其余行业收入减少的比例都要高于收入增加的比例。可见祁连山生态环境治理对农牧民外出务工的收入产生了一定的影响，尤其是从事工程车作业、承包工程类、建筑业以及运输业收入减少的人群都超过或接近三成。

就业难度变化的形势更严峻，相关行业中，工程车作业、建筑业、工程类以及零工类等就业难度明显增加。即使就业难度保持不变占大比例的行业，其就业难度增加的比例也明显高于就业难度减少的比例。

总体上看，一方面，祁连山的生计资本构成方面物质资本和自然资本较为丰富，但是人力资本、金融资本、社会资本较为匮乏，这导致区域生计模式对自然资本和物质资本的依赖程度较高。随着周边区域工业化进程的加速，区域内农牧民的生计模式在逐渐发生变化，但是由于劳动技能、知识水平的限制导致生计模式的总体变化较为缓慢，同时劳动力向高收入稳定行业转移的比例有限。劳动力多从农业生产转向建筑业、矿山开采等行业，而这些行业在生态环境治理中受到了较大冲击，导致部分农牧民面临再次就业的问题。再就业过程中信息、技能、金融资本是决定其就业成功率的重要基石，而这些恰是祁连山农牧民生计资本中较为薄弱的环节。因此，祁连山生态环境治理在一定程度上会增加区域农牧民的生计风险，特别是目前已经脱离农业生产的群众受影响程度可能更为直接。

另一方面,区域生态环境治理对于调整区域发展模式带来了一次难得的转型契机,在这一过程中重视区域居民多维生计资本的协调发展,通过机制体制创新协助居民将自然资本和物质资本向金融资本转移,通过技术培训增加人力资本,通过转移支付、互助合作机制构建补充社会资本是实现区域群众形成新型可持续生计模式的关键。

5.4 小结

由于区域自然地理、人文历史等多方面原因,祁连山地区经济发展、财政收入主要依赖矿产、水电等资源开发项目,群众生活以放牧等传统畜牧业为主。祁连山生态环境治理中上述产业受影响较大,对沿山区域各市(州)经济造成了短期的不利影响,其中甘肃省张掖市、甘肃省武威市、青海省海北藏族自治州、青海省海西蒙古族藏族自治州四市(州)2017 年第二产业增加值较 2016 年下降 53.09 亿元。

微观层面,生计资本的丰富程度是影响区域居民收入的主要因素,祁连山区域各市县区生计资本高低各异,总体上呈现自然资本、物质资本较为丰富,人力资本、金融资本、社会资本较为匮乏的特征。生计资本分布特征导致农牧民转化生计模式时存在一定的风险,合理补充各类生计资本探索新型可持续生计模式是解决区域生态保护与经济发展矛盾的重要途径。

第 6 章

祁连山远程耦合生态系统
服务价值调查与核算

6.1 祁连山生态系统服务的远程耦合效应

生态系统提供的各类服务不仅对本区域具有重要作用，同时也通过信息流、物质流的形式对其他区域产生重要影响。例如，本区域内生产的农业产品通过物质流动保障了其他区域的粮食安全，上游区域保护植被增强了水源涵养能力、改善了水体质量，提升了下游区域的水安全水平。这说明生态系统服务具有典型的远程耦合特征。本地生态系统服务除了影响本地居民福祉，还通过远程耦合作用对其他区域居民的福祉水平产生影响（Liu et al.，2015）。因此在衡量生态系统服务价值时，除了要考虑其局域价值外还要考虑其全域价值。

祁连山是我国生态安全战略"两屏三带"中"北方防沙带"的重要组成部分，素有"高原冰原水库"和"生命之源"之称，保障着河西走廊生态安全和黄河径流补给，维护着青藏高原生态平衡，具有重要的涵养水源、保持水土、调节河川径流的生态系统服务功能。同时区域景观多样，生物种类繁多，分布有独具特色的植被类型和珍稀动植物种类，如有祁连圆柏、青海云衫等不同的植被类型，有白唇鹿、雪豹、蓝马鸡等不同的珍稀动物，具有重要的生物多样性价值。这些生态系统服务功能，为维系本地区及相关区域的生态安全发挥着重要作用。

此外，祁连山是丝绸之路的咽喉段，这里有古老的游牧经济，有精耕细作的农业生产，游牧民族轮换不息，也是古老的军事要地；裕固族、蒙古族、藏族、回族、土族、哈萨克族等多民族在此聚居，藏传佛教、伊斯兰教在此流行，分布着丰富多彩的文化遗迹和军事遗迹，具有重要的文化旅游功能，是中国的旅游热点地区，近年来游客人数逐年增加。

然而，过去十多年来，由于全球气候变化、过度开发、超载放牧等影响，祁连山地区生态环境持续恶化，局部植被破坏，水土流失、地表塌陷、热融滑塌频繁发生，地球天然固体水库——冰川日渐萎缩，冻土退化、地下冰锐减，对生物多样性威胁加大。这将对祁连山、河西走廊，甚至是全中国的可持续发展造成巨大的影响。祁连山生态系统服务具有典型的远程耦合特征，对祁连山生态系统服务价值开展全域的评估，有助于我们全面认识祁连山生态系统服务的作用及其与其他区域人类福祉的关联。

6.2 远程耦合生态系统服务价值核算

基于上述考量，我们在本次科学考察中设计了基于条件价值评估方法的祁连山远程耦合生态系统服务价值调查与核算，通过调查全国人民对祁连山保护的支付意愿，衡量祁连山生态系统服务的价值。

6.2.1　分析方法简介

权变估值法（contingent valuation method，CVM）也被称为条件价值评估法、或然价值法和意愿调查法等，该方法运用效用最大化原理，通过给消费者提供一个假想市场，采用问卷调查方式揭示消费者对某一公共物品的偏好，及消费者对此公共物品的意愿支付法（willingness-to-pay，WTP），进而评估该公共物品的经济价值。这种方法能够克服缺乏实际市场和替代市场交换商品的局限性，是计量经济学中评估公共物品有关的全部使用价值和非使用价值的一种特有方法，也是当前较为广泛使用的一种模拟市场法。

本次评估基于大范围的互联网调查，经过预调查、随机调查、加密调查三轮调查获取充足的样本量，分析不同区域及全国总的意愿支付法来衡量祁连山区域的远程耦合生态系统服务价值。

本章参考 Pu 等（2019）中意愿支付法的计算模型：

$$E(\text{TotalWTP})=\text{prob}_{(\text{WTP}>0)}\times E_{(\text{WTP}>0)} \tag{6-1}$$

式中，E（Total WTP）为省市地区的平均支付意愿金额；$\text{prob}_{(\text{WTP}>0)}$ 为支付金额大于零的比例；$E_{(\text{WTP}>0)}$ 为支付金额大于零的均值。

每个省市地区的支付总额计算方法

$$M_i=\text{POP}_i\times P_i\times m_i\times \text{Mon}_i \tag{6-2}$$

式中，M_i 为第 i 个省的支付金额；POP_i 为第 i 个省的人口数；P_i 为有支付能力的适龄人口比例；m_i 为第 i 个省有支付意愿人群的比例；Mon_i 为第 i 个省的人均支付意愿值。

6.2.2　抽样调查设计

合理设计调查问卷，开展全域调查，保证问卷数据的有效性是获取真实调查与分析结果的重点。

根据美国国家海洋和大气管理局（National Oceanic and Atmospheric Administration，NOAA）提出的问卷设计原则和问卷设计经验，任何一个条件价值评估的调查问卷内容通常至少包括三个部分：一是详述被评估的非市场物品，应该向被调查者提供精确的背景资料和信息；二是询问被调查者对所评估产品的意愿支付法；三是评价背景，即对被调查者的社会经济特征的调查。基于此我们设计了本次调查的初步问卷。预调查是社会调研的重要环节，通过预调查反馈可以对问题顺序做出理性调整、对专业问题简单化、对敏感问题采用更合适的激励机制等。同时，预调查有助于我们熟悉调查流程并引起对相应问题的关注。在正式调查开展之前，我们进行了 400 份的有效问卷预调查。这主要是为了试点模拟研究来发现一些问卷设计没有考虑周全的问题，以便在正式调查前加以改进。我们对回收的问卷结果进行了初步分析，主要是就对祁连山生态保护和恢复价值的支付意愿大小进行了修订。根据预调查的支付意愿大小统计分析，将询问支付意愿的问题设置为："当前祁连山生态恢复和保护计划正在筹集资金阶段，如果需要您未来 10 年每年从您家中的收入中拿出部分现金支持这一计划，您是否同意？"，依据预调查问卷支付金额统计结果，以 500 元为意愿支付法初始投标值，投标区间分为"10 元以下、10 ~ 50 元、50 ~ 100 元、100 ~ 200 元、200 ~ 500 元、500 ~ 1000 元、1000 ~ 3000 元、3000 ~ 5000 元、5000 元以上"九档。

6.2.3 中国全域抽样调查

本节采用网络问卷调查的方式（调查问卷见附件：祁连山生态保护和恢复价值调查问卷），对祁连山生态保护和恢复价值进行调查。本节的问卷调查是委托问卷星公司完成，问卷星公司志愿者在线数据库中招募了中国 260 万网民（经常不断更新志愿者数据库）。问卷星从志愿者数据库中邀请志愿者参与调查，邀请模式属于随机分发，因此我们的样本可以被认为是合理样本。问卷发放范围包括中国范围内除香港和澳门之外的所有省、自治区、直辖市。

合理确定样本量是确保抽样调查结果真实可信的重要保障，样本量大小主要受调查经费、精度要求、总体方差、抽样方式等因素影响（袁建文和李科研，2013）。本节中问卷数量的确定参考了以下方法（湛东升等，2016）：

$$n = \frac{NZ^2S^2}{Nd^2 + Z^2S^2} \tag{6-3}$$

式中，n 为样本量；d 为绝对误差限度；Z 为置信水平对应值；N 为总体规模；S^2 为总体方差。其中，总体方差取值可以通过以往的相关调查结果、预调查结果或专家经验判断等方式进行合理估计，本节中取值 0.5（在相同置信水平下，方差取值为 0.5 时，需要的样本量最大）。

依据湛东升等（2016）的问卷样本量确定方法，在 2% 的允许误差和 95% 的置信水平下，全国范围的样本量至少为 2401 份。本节问卷正式调研分为 2 轮：第一次全国随机调查、第二次全国分省（自治区、直辖市）问卷补充。第一次全国随机调查于 2018 年 12 月 1 日 ~ 12 月 26 日、2018 年 12 月 29 日 ~ 2019 年 1 月 5 日完成，收回有效问卷 2799 份，问卷总量满足在 2% 的允许误差和 95% 的置信水平下的样本需求量。考虑到第一轮正式问卷调研中部分省份问卷数量过少，依据各省（自治区、直辖市）人口比例对部分省（自治区、直辖市）的问卷数量做了补充，同时为了提升数据的可信性，在二次全国分省（自治区、直辖市）补充调查中要求我国每个省（市、自治区）至少 50 份问卷（因问卷收集渠道限制，台湾的实际收回有效问卷只有 17 份）。第二次全国分省（自治区、直辖市）补充调查于 2019 年 3 月 4 日 ~ 2019 年 3 月 27 日进行，补充收集有效问卷 1321 份，两轮累计收集有效问卷 4120 份（接近 2% 的允许误差和 99% 的置信水平下的问卷要求数量）。网络调研中，累计有 7774 人参与问卷填写，最终完成有效问卷 4120 份，总体有效率 53.00%，其中第一轮问卷回收有效率为 57.45%，第二轮问卷回收有效率为 45.56%。整个问卷在中国各省（自治区、直辖市）

的数量分布见图 6.1。

6.2.4 调查样本分析

1. 问卷特征分析

受访人群的性别、年龄、民族、受教育程度、健康状况和职业情况见表 6.1。在 4120 个调查样本中，男性占 58.09%，女性占 41.91%。涉及的民族情况主要罗列了汉族，以及人口较多的满族、蒙古族、回族、藏族、壮族，其他民族归为其他代表。调查显示样本人群以汉族为主，占比 91.8%。本次样本调查是分年龄段开展的年龄调查，样本人群年龄多集中分布在 26 ～ 35 岁，占 40.72%，其次是 18 ～ 25 岁年龄段，占 33.07%，36 ～ 45 岁年龄段占 15.63%，18 岁以下和 56 岁以上年龄段的受访人群占比较少（仅仅超过 1%）。本次问卷调查主要集中在中青年年龄阶段的人群，对环境保护有更好的自主意识和观点。从样本人群的受教育程度来看，占比超过一半（52.91%）的受访者接受过大学本科教育，其次有 21.45% 的受访人群学历达到了研究生及以上学历，大专、高中或中专、初中的占比分别为 12.96%、8.33%、3.01%，不识字或识字很少和接受小学教育的占比差别不大，皆不足 1%。从样本人群的职业来看，在国企、政府和事业单位工作的累计占比约 40%，学生占比高达 23.83%，民营企业工作人员占 19.64%。

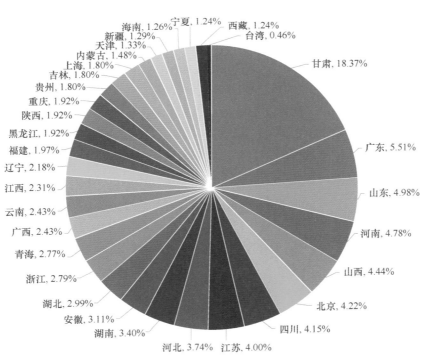

图 6.1　调查样本数量在全国分布情况

由于数据修约致各部分百分比加和不等于 100%

表 6.1　样本结构

变量	分组	比例 /%
性别	男性	58.09
	女性	41.91
年龄	<18 岁	2.14
	18～25 岁	33.07
	26～35 岁	40.72
	36～45 岁	15.63
	46～55 岁	7.23
	≥56 岁	1.21
民族	汉族	91.82
	满族	1.07
	蒙古族	0.9
	回族	1.99
	藏族	0.94
	壮族	0.63
	其他	2.65
受教育程度	研究生及以上学历	21.45
	大学本科	52.91
	大专	12.96
	高中或中专	8.33
	初中	3.01
	小学	0.95
	不识字或识字很少	0.39
健康状况	很好	44.27
	比较好	40.53
	一般	14.01
	比较差	1.07
	很差	0.12
职业	事业单位工作人员	24.22
	政府工作人员	4.59
	国企工作人员	11.67
	民营企业工作人员	19.64
	个体经营者	5.73
	农业	1.58
	离退休人员	0.66
	服务行业	2.91
	学生	23.83
	其他	5.17
个人年收入	30 万元以上	2.16
	12 万～30 万元	11.38
	6 万～12 万元	28.47
	3 万～6 万元	23.23
	3 万元以下	34.76

通过对调查问卷的分析，样本调研人群对祁连山生物多样性、防风固沙、水源供给和涵养、文化旅游的重要生态系统服务功能价值认知程度较高，皆超过了 90%，其中对防风固沙、水源供给和涵养功能价值的认知超过了 95%，对祁连山水源供给和涵养的功能价值认知程度最高（表 6.2）。

表 6.2　问卷样本的人群对祁连山生态系统服务功能价值认知情况

生态系统服务功能类别	认同该服务的人数 / 人	占比 /%	不认同该服务的人数 / 人	占比 /%
生物多样性	3899	94.64	221	5.36
防风固沙	3932	95.44	188	4.56
水源供给和涵养	3938	95.58	182	4.42
文化旅游	3747	90.95	373	9.05

在祁连山重要功能价值调研的基础上，本节也对受访人群针对"祁连山进行生态恢复和保护是否有必要"开展了调研。其中，98.88% 认为有必要对祁连山区进行生态恢复和保护，仅仅有 1.12% 受访者认为没有必要对祁连山区进行生态恢复和保护，说明在全国范围内祁连山生态保护已经进入大众的认知中。

本次调研的样本中有 1114 人对祁连山生态保护和恢复无支付意愿，依据问卷设计，总结发现，"收入低，有心无力"是无支付意愿的最大原因，这种情况占比达到了 67.24%；其次，受访者认为祁连山生态保护和恢复"这是政府的事情，与我无关"，占比 14.45%；"距离太远，对我没影响"、"说不清楚"和"其他"占比分别为 7.90%、4.22%、6.19%。

在不愿意支付的人群中，个人年收入在 3 万以下的人最多，占 45.87%，个人年收入在 3 万～ 6 万的人占 25.04%，个人年收入在 6 万～ 12 万的人占 21.01%，个人年收入在 12 万～ 30 万的人占 6.37%，个人年收入在 30 万以上的人占 1.71%；在愿意支付的人中，个人年收入在 3 万以下的人占 30.66%，个人年收入在 3 万～ 6 万的人占 22.55%，个人年收入在 6 万～ 12 万的人占 31.23%，个人年收入在 12 万～ 30 万的人占 13.24%，个人年收入在 30 万以上的人占 2.32%。通过卡方检验得到不同的个人年收入对祁连山生态恢复和保护计划支付意愿的差异具有显著影响（$p<0.05$）。

总体来看，在不同性别、职业、个人年收入等人群中，大部分人愿意为祁连山生态恢复和保护计划支付一定资金，说明人们对生态环境保护的意识强烈。

2. 支付意愿分析

基于对受访人群祁连山生态恢复和保护的意愿支付法的描述性分析，探讨不同社会学人口特征、不同功能认知与旅游足迹人群中意愿支付法的差异。

通过分析受访者社会学特征、祁连山四种生态系统服务功能认知等 13 个因素变量对祁连山生态保护和恢复的支付意愿和意愿支付法的影响，并基于卡方检验验证各影响因素对支付意愿的显著性检验，归纳如表 6.3 所示。

表 6.3　不同变量对祁连山生态保护和恢复的支付意愿的显著性检验 p 值

因素变量	支付意愿显著性	意愿支付法显著性
性别	0.491	0.004
民族	0.335	0.225
健康状况	0.002	0.000
生物多样性功能认知	0.000	0.011
水源供给和涵养功能认知	0.000	0.086
将来是否计划到祁连山	0.000	0.000
年龄	0.000	0.000
受教育程度	0.005	0.000
职业	0.000	0.000
防风固沙功能认知	0.000	0.043
文化旅游功能认知	0.000	0.000
是否踏足祁连山	0.000	0.000
个人年收入	0.000	0.000

　　调查中愿意支付的男性人数（1745 人）多于女性（1261 人），同时男性愿意支付的平均金额（1861.58 元 /a）也高于女性（1607.72 元 /a）（$p<0.05$，具有统计学意义）。在 26 ~ 35 岁年龄段愿意支付的人数虽然最多，但是意愿支付法并非最高，平均支付金额最高为 18 岁以下阶段，在 18 岁之上的年龄段，整体上随着年龄增大，平均支付金额越大。调查人群中，汉族愿意支付的人数最多，而平均支付金额最高的为回族，其次为藏族，汉族最低。在愿意支付的人群中，不同健康状况人群的支付意愿大小的对比分析显示，认为自己身体很好和比较好的人最多。平均支付金额最高的为认为自己身体很好的人，达 2021.74 元 /a；其次为认为自己身体一般的人，达 1584.63 元 /a；认为自己身体比较好和很差的人，愿意支付金额稍低，分别为 1538.71 元 /a、1437.5 元 /a；最低的为认为自己身体比较差的人，仅愿意支付 1078.96 元 /a。

　　愿意支付的人中，受教育程度在大学本科的最多，不识字的人最少。而不识字或者认识很少字的人，愿意支付的金额最高，平均支付金额为 3392.31 元 /a，其次为初中学历的人达 2626.72 元 /a，最低为研究生及以上学历的人，平均支付金额为 1670.02 元 /a。随着受教育程度的不断提高，平均支付金额整体呈下降趋势。

　　在愿意支付的人中，事业单位工作人员最多，其次为学生、民营企业工作人员，最低为离退休人员。从事农业的人平均支付金额最高，为 2826.66 元 /a；其次为个体经营的人，平均愿意支付 2035.88 元 /a；之后为政府工作人员、国企和事业单位工作人员，分别平均愿意支付 1961.36 元 /a、1886.36 元 /a、1879.89 元 /a。学生虽然很多人愿意为祁连山生态恢复和保护计划支付一定资金，但是可能由于学生的收入较低，其平均支付金额较低，为 1579.45 元 /a。平均支付金额最低的为离退休人员，为 1045.42 元 /a。

　　对于祁连山生态系统服务功能的了解和认可会明显提高受访者的支付意愿。其中，认可祁连山生物多样性的生态系统服务功能对自己有价值的受访者的平均支付意愿为 1793.78 元 /a，而认为该功能对自己价值很少的受访者的意愿支付法仅为

1078.03 元 /a；认可祁连山防风固沙的生态系统服务功能对自己有价值的受访者平均意愿支付法为 1788.74 元 /a，而认为该功能对自己价值很少的受访者的意愿支付法仅为 1253.40 元 /a；认可祁连山文化旅游功能对自己有价值的受访者平均意愿支付法为 1827.81 元 /a，而认为该功能对自己价值很少的受访者的意愿支付法仅为 940.91 元 /a。通过卡方检验得到祁连山各类生态系统服务功能的认知对祁连山生态恢复和保护计划个人愿意支付的最小金额之间的差异具有统计学意义（$p<0.05$）。

是否踏足祁连山和有计划前往祁连山也是影响支付意愿的一个主要因素。

愿意支付一定资金用于祁连山生态恢复和保护计划的受访者中，没有踏足祁连山的人达 2031 人，仅有 975 人踏足祁连山。踏足祁连山的人愿意为祁连山生态恢复和保护计划支付更多的资金，达 2158.62 元 /a，而没有踏足祁连山的人平均仅愿意支付 1561.36 元 /a 用于支持祁连山生态恢复和保护计划。其中没有到过祁连山但计划去祁连山的人达 1534 人，仅有 497 人不计划去祁连山。没有踏足祁连山但计划去祁连山的受访者愿意为祁连山区生态恢复和保护计划支付更多的资金，达 1752.38 元 /a，而没有踏足祁连山且将来不计划去的受访者平均仅愿意支付 971.80 元 /a 用于支持祁连山区生态恢复和保护计划。通过卡方检验得到是否踏足祁连山对个人意愿支付法差异具有统计学意义（$p<0.05$）。其中未到过祁连山的人，今后是否有计划到祁连山对个人愿意支付的金额差异也具有统计学意义（$p<0.05$）。

在愿意支付的受访者中，个人年收入在 6 万～ 12 万元的人数最多，其次为 3 万元以下，30 万元以上的人最少。而平均支付金额最高的为个人年收入在 30 万元以上的人，达 2945.03 元，其次为 12 万～ 30 万元的人，平均支付金额为 2131.16 元 /a，由于个人收入问题，虽然个人年收入在 6 万～ 12 万元和 3 万元以下的人最多，但其平均支付金额并不高，分别为 1692.09 元 /a 和 1593.64 元 /a。整体看来，个人年收入越高的人愿意支付的金额越多。通过卡方检验得到个人收入对祁连山区生态恢复和保护计划个人愿意支付的最小金额之间的差异具有统计学意义（$p<0.05$）。

综上，影响受访者支付意愿金额的因素主要有年龄、受教育程度、健康状况、生态系统服务功能认知、是否踏足祁连山、个人年收入等因素。总体上，对祁连山的了解程度和了解意愿越高的群体，其支付意愿越高。

6.2.5　祁连山远程耦合生态系统服务价值核算

通过分区域对已有样本的统计发现，各省（自治区、直辖市）间居民支付意愿存在较大差异，其中支付意愿最小的是重庆和台湾，平均支付金额为 1239.85 元 /a 和 1045.45 元 /a，最高的是西藏自治区和青海省，平均支付金额分别为 2715.67 元 /a 和 2292.46 元 /a，全国平均支付金额为（1755.08±351.43）元 /a。方差检验显示，各省（自治区、直辖市）之间的平均支付金额差异呈显著相关（$p<0.001$）。

基于样本调查结果分析全国对祁连山生态系统服务功能价值的支付意愿。考虑到实际支付能力，我们将目标人群锁定为年龄大于等于 20 岁且小于等于 59 岁的全国人口。采用《中国人口和就业统计年鉴 2015》的人口与年龄结构数据，结合平均支付意愿比例与平均支付金额开展核算，发现在全国人民为了保护祁连山生态系统愿意支出 10676.19 亿元 /a，即祁连山生态系统服务功能的全域价值为 10676.19 亿元 /a。具体各省（自治区、直辖市）支付意愿比例、平均支付金额、支付总额结果请参看表 6.4、图 6.2。

表 6.4　调查问卷和支付意愿统计计算结果

区域	平均支付金额 /(元 /a)	2015 年人口 / 万人	20 ~ 59 岁人口比例 /%	意愿支付比例 /%	支付总额 /(亿元 /a)
安徽	2140.67	6196	0.60	0.70	555.99
北京	1656.22	2173	0.71	0.67	169.63
福建	1888.28	3874	0.64	0.72	332.87
甘肃	1805.35	2610	0.61	0.75	214.79
广东	1549.70	10999	0.67	0.71	812.08
广西	1853.01	4838	0.57	0.73	375.57
贵州	2034.58	3555	0.56	0.77	309.89
海南	2101.55	917	0.62	0.77	91.88
河北	2203.86	7470	0.60	0.74	735.54
河南	1373.34	9532	0.57	0.75	558.88
黑龙江	1464.04	3799	0.67	0.70	259.55
湖北	1390.01	5885	0.63	0.72	371.63
湖南	1438.43	6822	0.60	0.76	446.35
吉林	1679.12	2733	0.66	0.77	232.97
江苏	1625.33	7999	0.63	0.73	603.51
江西	1810.85	4592	0.58	0.76	368.65
辽宁	1624.76	4378	0.65	0.70	323.22
内蒙古	2090.83	2520	0.67	0.85	300.83
宁夏	1797.84	675	0.61	0.73	53.99
青海	2292.46	593	0.63	0.69	59.23
山东	1806.50	9947	0.60	0.70	758.21
山西	2216.78	3682	0.63	0.75	389.03
陕西	1811.25	3813	0.63	0.82	357.16
上海	1245.94	2420	0.69	0.66	137.14
四川	1467.16	8262	0.58	0.71	505.87
台湾	1045.45	2416	0.61	0.58	89.30
天津	1415.14	1562	0.69	0.64	96.97
西藏	2715.67	331	0.61	0.76	41.70
新疆	1541.05	2398	0.62	0.72	164.73
云南	1710.74	4771	0.61	0.68	336.51
浙江	1725.87	5590	0.66	0.71	452.77
重庆	1239.85	3048	0.58	0.77	169.77
全国	1755.08	137462	0.60	0.70	10676.19

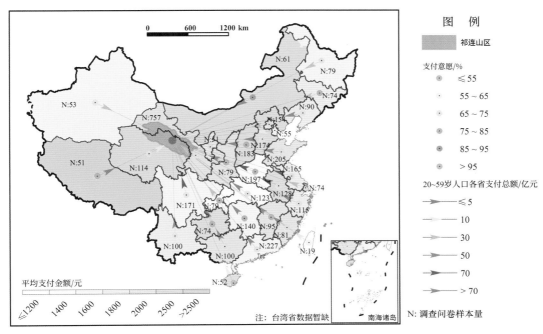

图 6.2　中国各省（自治区、直辖市）祁连山生态保护和恢复的意愿支付法

意愿支付法空间分布：在全国八大经济区中，意愿支付法大于零的比例取值范围是从 69.56%（北部沿海区）到 77.50%（黄河中游区）。意愿支付法的取值范围是由 1591.95 元（东北区）至 1889.45 元（西北区），北部沿海区（1868.03 元）、黄河中游区（1857.62 元）、南部沿海区（1727.33 元）分别具有第 2、第 3、第 4 高的意愿支付法。方差分析显示，八大经济区之间的意愿支付法比例呈显著差异（$p<0.01$），八大经济区之间的平均支付金额也呈显著差异（$p<0.01$），意味着意愿支付法比例和平均支付金额都在空间上有显著性差异。

通过采用条件价值评估法对祁连山远程耦合生态系统服务价值评估发现，祁连山全域生态系统服务价值高达（10676.19±1601）亿元 /a，这一数字远高于祁连山生态系统服务的局域价值（1.99 亿元）。同时这一数字远大于祁连山生态环境治理带来的区域经济损失（53.09 亿元）。这一核算结果反映出祁连山区域的巨大生态价值，同时进一步佐证了在祁连山区域开展生态环境综合治理的必要性与紧迫性。

6.3　小结

祁连山是我国生态屏障，是全国人民的"金山银山"。其生态系统服务价值不仅仅体现在本地，还通过远程耦合，辐射其生态保护、文化和政治安全等价值。因此，我们创新性地提出了基于全民支付意愿的全域生态系统服务价值评价方法，利用互联网面向全国开展多轮祁连山生态系统服务价值问卷调查，总计回收有效问卷 4120 份，利用权变估值法通过构建假想市场交易情景开展分析，发现祁连山远程耦合生态系统服务价值高达（10676.19±1601）亿元 /a，远高于传统方法计算的局域生态系统服务核算价值，合理得出了祁连山生态系统服务的综合价值。

第7章

生态与生计双赢的绿色发展策略

祁连山具有重要的生态系统功能，对稳定区域及全国生态安全具有关键作用。国家及地方以壮士断腕的决心开展祁连山生态环境治理，一方面反映了祁连山的重要性，另一方面也反映保护区域生态环境的必要性与紧迫性。从本次科学考察的结果不难看出，大规模的生态环境治理使祁连山的生态环境得到了较好的保护与恢复。但在生态环境治理的过程中我们还面临诸多问题，其中区域农牧民的可持续生计问题是目前最为紧迫的，同时也会直接影响生态环境治理的最终效果。在科学考察中，我们发现祁连山生态环境治理导致区域原有的区域主导产业受到影响，农牧民的生计资本下降，收入稳定性变弱，敏感人群生计风险明显增加。需要进一步完善区域发展政策，加强系统性规划，化解危机实现区域的转型跨越发展，从根源解决区域的长期发展问题，最终实现祁连山生态与生计双赢的发展目标。

7.1 健全区域生态补偿机制，实现生态资产价值化

生态补偿是目前祁连山生态环境保护中的重要一环，当前的退耕还林、退牧还草、草原保护奖补等政策都属于生态补偿范畴，为区域生态环境保护发挥积极作用。但是目前区域内的生态补偿项目存在着补偿标准偏低、补偿方式单一等问题，为了祁连山区域长期生态环境保护，急需建立、健全区域生态补偿机制。区域生态补偿必须强调机制建设，单一的区域生态补偿政策、措施并不等同于机制，而补偿机制必须是长效的。作为一种复杂的社会过程，区域生态补偿机制可理解为由相关法律和制度等要素构成的，以明确补偿责任、补偿标准、补偿方式等内容的保障体系，以实现生态补偿的长效性。

生态补偿实际是通过向土地拥有者（使用者）提供补偿，促进其将土地转变为有利于生态系统服务供给的利用方式。合理的补偿标准应当介于转变土地利用方式导致的损失和增加的生态系统服务价值之间，标准低于土地所有者收益将影响土地所有者的参与积极性，标准高于新增生态系统服务价值则不利于公共利益。

通过本次科学考察研究发现祁连山全域生态系统服务价值高达 10676.19 ± 1601 亿元 /a，其生态系统服务辐射效应明显。同时生态环境治理造成的区域经济损失达到 53.09 亿元，目前并没有针对采矿、水电、旅游行业的补偿，且对畜牧业的补偿标准远低于牧户的放牧收入。建议提高对农牧户的补偿标准，新增对采矿、水电、旅游等环境高危行业的补偿，引导上述行业有序退出。总体补偿标准应略高于当地生态环境治理造成的实际经济损失，保障行业退出的积极性。同时多元化补偿方式，引导区域形成高效的创新绿色发展模式，逐步实现生态与生计双赢的发展目标。

1. 加强区域生态补偿法律法规体系建设

建立区域生态补偿法规，明确补偿与受偿主体及其权利与义务。

第一，明确祁连山生态补偿的补偿与受偿主体，确定权利与义务。生态补偿的目标是通过生态系统服务使用者向生态系统服务供给者付费，使其获得收益的同时稳定提供生态系统服务，实现二者共赢。祁连山是我国的重要生态屏障，影响范围巨大，

其生态系统服务受益者众多，不但祁连山所在的甘肃、青海两省受益，而且其水源涵养功能关系西北内陆水安全，防风固沙功能保卫青藏高原和华北平原，因此逐一确定其受益者存在困难。鉴于祁连山在国家生态安全中的重要地位，建议以中央政府作为补偿主体，通过转移支付形式开展补偿工作。受偿者以祁连山生态环境治理影响的当地及周边地区群众为主体。中央政府是实施主体，义务主体依照法律的规定承担补偿义务，受影响群众是权利主体，有权依照法律的规定要求补偿主体进行补偿。受影响群众为了保护水环境有为保护环境显性投入的义务，还有牺牲自己经济社会发展机会的隐性义务，而政府应为前者提供的水环境正外部性提供对等的价值补偿。

第二，建立区域生态补偿法规，使生态补偿有章可循、有法可依。生态补偿已经是祁连山地区生态保护的一项重要政策，但目前并未有相应的法律法规，导致区域生态补偿制度不能完全依理、依法进行，在操作上缺乏有效的监督，补偿标准也缺乏科学根据，限制了生态补偿的实施效果。因此，建议以国务院办公厅印发的《关于健全生态保护补偿机制的意见》中的相关内容为指导，参考国内相关区域的工作经验，由甘肃和青海两省共同起草、出台"祁连山生态补偿管理办法"，明确祁连山生态补偿的补偿主体、补偿范围、补偿标准、补偿方式、补偿年限等关键问题，并对各主体的权利和义务建议明确，制定相应的奖惩措施，实现生态补偿的制度化、规范化。

2. 合理确定生态补偿标准与补偿方式

精准识别生态补偿关键区域及关键人群，结合区域生态系统服务价值提高补偿标准，多元化补偿方式，提升生态补偿效率。

第一，合理确定补偿区域与补偿人群，提高资金使用效率。在目前情况下生态补偿资金往往是高度约束的，"撒胡椒面"式的补偿方式不利于提升资金的使用效率。当前祁连山区域的生态补偿为"一刀切"模式，整个区域共同开展、推进补偿工作，限制了资金的使用效率。在祁连山生态补偿中建议首先明确补偿目标，根据潜在受偿区的脆弱程度、补偿后的生态系统服务增量与补偿成本，筛选新增生态系统服务量大、补偿成本低的区域优先开展补偿。在开展补偿区域空间选择的同时对补偿区内环境政策敏感人群进行优先补偿，降低敏感人群的生计风险，从整体上提升补偿资金的使用效率。

第二，适度提高补偿标准，提高受偿者参与意愿。目前祁连山区域生态补偿标准普遍较低，当前的退耕还林、退牧还草补偿标准低于农牧民实际的生产收入，补偿的资金总量无法弥补区域农牧民由于放弃生产造成的损失，这容易造成区域生态补偿项目的不稳定性，为区域复耕、偷牧留下隐患。

建议参考祁连山生态系统服务的价值，适度提高区域生态补偿标准，使农牧民得到的补偿资金略高于其实际损失，有利于提高区域农牧民参与生态补偿项目的意愿，提高生态补偿项目的可持续性。同时增加对采矿、旅游、水电行业的补偿，引导上述生态环境高危行业逐步退出。补偿标准应略高于区域实际损失，一方面提高行业退出

第二次青藏高原综合科学考察研究丛书
祁连山 人类活动变化与影响

的积极性，另一方面提供资金用于区域探索绿色发展模式，实现绿色发展。

第三，多元化补偿方式，形成造血补偿机制。当前祁连山生态补偿方式主要为现金补偿，这一方式操作上较为便捷，同时便于监管，但是往往无法从根本上解决受偿者的可持续生计问题，容易让受偿者形成依赖。建议破除现有对生态补偿受偿者给钱、予物的单一补偿方式，根据区域群众具体需求，依据区域生计资本评估结果，从自然资本、物质资本、金融资本、人力资本、社会资本不同维度提供实物、资金、智力、志气、信息、技术与政策等多元多层次的支持体系，协助贫困区群众构建可持续生计模式，稳定收入来源，实现生态保护和脱贫脱困的双目标。

7.2 探索发展祁连山高端生态旅游，寻找经济增长绿色引擎

祁连山不仅具有重要的生态系统服务功能，同时还蕴含大量旅游文化资源，其自然特征与北美落基山脉、欧洲阿尔卑斯山脉等全球著名国家公园具有高度相似性，冰雪资源丰富，适宜开展高山探险旅游、冰雪运动旅游等高端生态旅游项目。高端绿色旅游，对区域生态环境影响小、附加值高。在祁连山区开展高端绿色旅游项目，有助于区域生态与生计双赢发展目标的实现，是区域实现产业转型升级的良好抓手。但在实践中需要科学规划、合理开发、控制范围、限制强度、循序渐进。

通过本次科学考察调查发现，曾经踏足祁连山区域的受调查者对祁连山生态环境保护和恢复的平均支付意愿高出未踏足祁连山区域的受访者 597.26 元 /a，这充分证实了祁连山巨大的文化旅游价值。促进区域高端绿色旅游，不仅有利于激发区域内在动力，创新区域绿色发展模式，也有助于提高公众对于保护祁连山的意识与意愿，一举两得，是在保护中实现发展的合理选择。

1. 统筹生态保护优先的旅游开发管理

政府通过祁连山国家公园管理局结合有关国家公园的国家和地方政策，以及区域生态保护红线制度，确立高端绿色旅游在国家公园建设中的合理地位。

第一，制定旅游政策法规和标准规范。制定标准规范，对国家公园的高端绿色旅游活动、旅游服务设施的规划设计及建设、旅游服务经营管理等方面做出详尽说明。在特许经营制度的基础上，发挥宏观调控能力，引导、支持和规范高端绿色旅游经营发展，减少资源环境耗损。利用旅游产业政策引导旅游企业按政府要求发展；旅游行业长远发展目标通过政府规划确定；通过行政指导等手段促使企业经营活动与政府发展旅游业的目标保持一致；制定、修改、解释相关政策法规引导旅游企业健康有效的市场经营。

第二，分区规划分级开展旅游项目。国外国家公园均不排斥开展旅游活动，但明确把旅游活动放到一个次要的位置，游憩利用在维护生态完整性的基础上进行。理念基本相似，但各国功能分区不同，各分区管理制度不同，保护和利用程度不同。结合生态保护红线，识别祁连山国家公园旅游资源的分布及其类型，评估旅游资源潜在的生态景观

价值、人文历史价值，分析旅游资源可能的开发模式。基于保护和利用的双重目的，根据旅游资源分布，科学适量划定生态旅游开发区域，设置高端科学考察探险旅游发展区、传统观光旅游发展区以及大众休闲社区旅游发展区。依托冰川、湿地、森林以及野生动物等生态景观开展高端科学考察探险旅游，同时，结合天祝小三峡、山丹焉支山、肃南马蹄寺、香灵寺等人文旅游资源开展传统旅游观光与大众休闲旅游活动。

第三，升级高端绿色旅游服务设施。服务设施开发应限制在必要且适当的程度内，要有合适的规划、设计、方案、施工运营和维护制度，设施的空间布局上满足不同层次游客对设施和服务差异的需求。优化旅游线路，通过公路控制游客分布，对要加强保护的区域禁绝公路建设，对已有公路的区域根据保护需要进行季节性开放。且根据野生动物行为监测结果大量修建野生动物通道。完善旅游信息服务与配套设施，通过公园入口、游客中心和社区旅游信息平台，建立广泛旅游信息服务平台。适度建设服务露营地、风景露营地等各类旅游设施，整合不同服务商的餐饮、住宿等服务。

第四，创新经管分离的绿色运营模式。经营管理是提供旅游服务的重要环节，国家公园实行经管分离，在经营管理上应体现全民公益性。以特许经营的形式明确经营者的权利和义务，保证经营行为不会影响和扭曲国家公园的保护宗旨和发展目标，通过合同、租赁、牌照、特许经营或协议的形式，对公园的餐饮、住宿、娱乐等旅游服务设施向社会公开招标；祁连山国家公园旅游运营除了以国家财政支持作为重要的资金来源，还应广泛吸收企业、民间团体、非政府组织的社会资本。门票尽量减免，收取合理的住宿费、设施使用费和服务费；开发绿色生态旅游产品，减小环境负面影响，以生态观光、野生动物观赏、科学考察探险、峡谷览胜等自然生态体验及宗教文化等人文生态体验类游憩产品为主。

2. 健全特许经营制度及相关配套办法

特许经营是一种兼顾了资源利用效率和生态保护目标的特殊商业活动，特许经营制度则是结合市场机制与行政监管的特殊机制。我国国家公园正处于试点建设阶段，面临着如何平衡保护与利用、如何兼顾保护与发展等一系列问题，特许经营制度的建立具有重要的现实意义。事实上，三江源国家公园体制试点实施以来，在执行最严格的生态保护标准的同时，相关部门在探索适度特许经营等配套办法方面取得多项进展，为进一步理顺制度涵盖范畴，加快推进落地实施，国外的经验仍然具有重要的借鉴弥补作用。通过对美国国家公园特许经营制度的分析，我们有必要从以下四个方面推进我国国家公园特许经营制度建设。

第一，建立全国统一的特许经营制度。通过国家公园管理局对国家公园范围内的特许经营进行统一项目规划、招标分配及运营监管，同时根据国家公园的资源类型与保护目标对特许经营项目数量、类型、活动范围、经营时间等做出明确规定。

第二，建立特许经营招标机制。建立特许经营项目招标选拔机制，完善项目招标信息官方发布渠道，设置专门部门负责项目招标工作，鼓励更多企业参与国家公园特许经营项目，增强市场竞争性，以通过市场本身的竞争机制提高特许经营的资源开发效率，实现经济效益最大化。

第三，建立监管机制。特许经营制度既要推动实现国家公园内经营活动的经济效益，又要确保生物多样性保护目的得以实现。为此，应针对特许经营活动和经营者建立有效的监管机制，包括特许经营活动开展是否损害资源环境、是否存在违规经营行为、是否遵照合同规定。此外，应建立定期的资源与环境审查工作机制，加强社会第三方力量和提高社会公众参与度以提高监管的有效性。

第四，建立利益分配机制。资源开发产生的经济效益主要体现为特许经营收入，在管理部门与特许经营者之间进行分配。特许经营收入既能为国家公园保护工作筹集资金，又能保证特许经营者获得合理的利润，引导其提供与国家公园保护目标一致的服务和产品。特许经营方通过经营获得利润，管理部门通过税收、征收特许经营费用获得收入。因此，管理部门应健全国家公园市场税收体系，设置合理的特许经营费用征收标准，标准的设置应充分考虑经营者的利润与管理部门管理成本。

3. 推动国家公园旅游与区域协调发展

城镇和公园在空间上相互依存、互相支撑，共享社会、经济和生态的一些影响因素。在经济上，城镇为公园的参观者提供了加油、餐饮和住宿等服务，依靠这些景点来维持城镇的经济。依托公园发展的旅游业提升了当地社区的土地价格。但是在过去的几十年里，实践越来越证明国家公园不能仅仅作为一个"孤岛"生存，公园边界外的活动和状态同样会影响内部资源的管理。因此国家公园的未来与门户社区显然是相互交织的。美国的门户城镇在为国家公园服务方面具有重要的、不可替代的作用。美国对门户城镇规划非常重视，全面管理城镇空间、风貌等物质形态，并将公共政策置于重要的地位。整体来说，美国国家公园门户城镇对我国国家公园建设的启示主要有以下几点。

第一，平衡开发与保护的关系。开发与保护体现了国家公园不同方面的"外部效应"。国家公园对门户城镇的旅游带动作用可视为国家公园的"正外部性"，对门户城镇开发的限制可视为其"负外部性"。因为村镇的发展代表了地方利益，开发的目的是取得社会和经济福利；而国家公园保护的目的是保证资源可持续开发利用并支持所有生物生存的能力，代表了国家层面的利益。例如，城镇为了自身的发展不断寻求扩张的机遇，但是环境保护的压力将对城镇开发具有一定的制衡作用。在平衡开发与保护的关系中，规划的作用尤为重要，尤其是通过全域管控的方式，不仅能对城镇空间进行统一开发，同时也对生态空间进行统一的管理。

第二，平衡外来者与本地居民的关系。在发达国家，当前越来越多的高收入、高资产的中年或者老年夫妇，不再选择大城市郊区而是选择环境优美的小镇作为第二居所或者度假屋，国家公园的门户城镇往往有条件成为这种优美小城镇。这种趋势在我国的城镇发展中也会越来越明显。在这种背景下，小镇不仅要保障旅游者的配套服务设施，同时也要保障本地居民的住房权利、充足的公共服务设施及提供多样化的住房，避免房地产化造成的社区感的丧失。

第三，挖掘门户城镇自身的特色。门户城镇应在服务国家公园的基础上，将自身打造成为旅游目的地。事实上越来越多的参观者尤其是带着孩子的游客，选择将门户城镇作为娱乐的主要区域。小镇发展成为旅游目的地，首先要充分挖掘地域文化特色，提升小镇的形象。其次，小镇能够提供丰富多样的贯穿全年的活动，缩小淡旺季的人流差异，强化过夜经济，推动国家公园在淡季游客量的上升。

第四，注重公平，加强各主体间的相互协作。国家公园、交通部门和门户城镇的本地社区是"利益相关者"，它们之间应该加强协作。一方面，建议公园的管理者定期与社区管理者碰面，交流从广告宣传到交通等有关事宜。公园与社区的本地学校紧密合作，将国家公园作为学校孩子们的课堂，让孩子们从小就学习如何保护公园的资源，使公园成为他们生活的一部分。另一方面，门户城镇也应积极主动衔接其他主体，在规划、安全保障等方面提供有效协助。

4. 创新国家公园综合管理体系

我国国家公园体制建设刚刚起步，各项管理工作尚未步入正轨，工作千头万绪，关系错综复杂，迫切需要地方政府、当地居民等各类不同利益相关者积极参与到国家公园的规划制定与日常管理工作中。日本在国家公园日常管理中建立了一种各类利益相关者共同参与治理的理事会机制，以应对日益增加的生态保护与资源利用双重压力。具体经验包括以下四个方面。

第一，灵活处理个别课题应对型与综合型理事会的设置次序。在建设与管理综合型理事会有一定难度的情况下，可充分结合国家公园的具体情况（如面临的问题、利益相关者的感知等），先设立个别课题应对型理事会，待与各个利益相关者建立较好的关系后，再逐步推进建设综合型理事会。在已设立世界自然遗产地区联络会议等理事会的地区，可直接让这类理事会承担起国家公园综合型理事会的角色。另外，为避免个别性问题在综合会议上很难进行实质性的讨论，可单独设立专门的委员会、分会等。

第二，调动利益相关者参与综合型理事会的积极性。通过问卷调查、现场访谈、圆桌讨论等多方式相结合，建立利益相关者能够畅通表达利益诉求的良好渠道，提高利益相关者参与国家公园规划制定及日常管理的积极性。在综合型理事会中，可以设置全体成员都能参与的活动与报告场所，并选择与尽可能多成员相关的议题，进一步调动各利益相关者代表参与会议的积极性，确保其参会效果。

第三，主管部门与理事会应各司其职。虽然理事会及其成员可以参与到国家公园的日常运营与管理中，但主管部门依然是国家公园发展的最终负责人，因此还需在两者之间厘清各自权责关系。其中，理事会负责协商国家公园的发展愿景，制定国家公园运营管理方针、具体行动计划和负责角色分工，努力解决新发生的相关问题，并根据行动计划进行定期评估，促进各类利益相关者的信息共享与关系协调。主管部门则应该主导理事会的建立，并根据国家公园的发展愿景、管理运营方针、行动计划等，最终制订并实施国家公园管理计划。

第四，完善国家公园志愿服务体系。制定专门的国家公园志愿者法，明确规定志愿者招募、选拔培训以及管理方面的实施细则，完善志愿服务的管理流程，将需要志愿者参与的资源和环境保护、日常管理以及游憩服务等工作项目和招募细则通过多种方式进行广泛宣传以让公众知晓，并采用多样化的激励措施吸引公众参与，以充分发挥志愿者的专业知识和特长，共同为国家公园的建设和管理奉献自己的力量，引导公众热爱并保护国家公园，更好地实现全民共建的宗旨。

7.3 提升区域农牧民生计资本，降低生计风险

从区域生计资本评估结果来看，祁连山生计资本总体呈现出牧区高于农区，生态资本高于其他资本的态势。生计资本的总体特征也与区域的贫困分布情况相吻合。在祁连山生态环境治理的过程中，大范围的实施禁牧、退耕，部分农牧民原有的耕地、草场被收回，导致区域内农牧民生计资本总量下降。同时由于农牧民失去耕地和草场，无法通过原有农业生产途径获取稳定收入，必须改变原有生计模式，原有的生存技能已无法产生新的经济收益，使其人力资本变相降低。这在一定程度上增加了区域内农牧民的生计风险，影响农牧民经济效益的稳定性。面对由于祁连山生态环境治理导致的区域农牧户生计风险增加的问题，需要结合区域评价结果，因地制宜地采取政策帮扶，补短板、增效益，稳定并提升区域群众收入。

1. 采用多元化方式提升区域农牧民生计资本

重点提升当地农牧民人力资本、金融资本、社会资本，补齐短板，增加收入。

第一，加强农牧民技能培训，提升人力资本。祁连山生态环境治理过程中部分当地群众需要改变生计模式，这是因为其原有技能已无法满足目前的工作需求。例如，在祁连山生态环境治理中从沿山区域迁至川区的生态移民，搬迁前开展大田耕作和放养养殖，搬迁后主要从事大棚种植和圈舍养殖，其缺少相应的劳动技能。针对此类农牧民需要大规模开展与其目前生产条件相适应的技能培训。此外，针对没有条件继续从事农牧业生产的群众，建议根据其知识水平与年龄特征，开展餐饮服务、机械维修、车辆驾驶、建筑技能等培训，提升区域群众的人力资本水平，加大劳务输出途径的疏导，提升就业率。

第二，开辟多元化融资渠道，提升金融资本。农牧民在改变生计模式的初期需要大量的资金投入，用于购买新的生产工具、培训新的劳动技能。但是由于缺少抵押物和担保人往往无法从现有的金融机构获取足够的金融支持，同时国家给予的资金帮扶大多属于"细水长流"模式，无法满足转变生计模式所需的资金需求。针对这一问题，建议在祁连山区域试点构建绿色金融体系，联合各类金融主体，推进区域生态资产、补偿收益权的抵押与交易，将符合条件的农村土地资源、集体所有森林资源通过多种方式转变为企业、合作社或其他经济组织的股权，推动贫困村资产股份化、土地使用权股权化，盘活农村资源资产资金。加大对绿色金融发展的支持力度，打通自然资本向金融资本的转化通道，多元化生态补偿融资渠道，实现"绿水青山"向"金山银山"的转化，提升自然资本的价值化转化效率，为区域贫困人口转化生计模式提供资金保障。

第三，加强社会保障体系与民间团体建设，提升社会资本。随着生计模式的改变，农牧民原有的生产、销售的网络也随之变化，原有的社会资本无法继续利用。建议按照区域、生产行业组织建立行业协会、合作社等民间团体，协助群众形成新的产供销体系，提高生产效率与收益能力。同时，进一步加强区域社会保障体系建设，解决农牧民在生计模式转型过程中的后顾之忧，全面提升区域群众的社会资本水平。

2. 发挥区域优势提升生计资本产出效率

针对区域自然资本、物质资本较为丰富的特征，多元化自然资本变现途径，提升生计资本产出效率。

第一，开展自然资本核查与确权工作，明确资产总量与归属。从生态系统服务价值评估结果不难看出，祁连山区域自然资本价值总量巨大，但目前自然资本的产权模糊，由于所有制原因，自然资本的所有权、使用权及收益权往往归属于多个主体，能够交易和适用的自然资本的数量、质量、价值及具体的空间分布范围不清晰，导致利用和交易困难。同时由于缺少绿色金融体系的支撑，难以实现自然资本向金融资本的有效转化，"绿水青山"难以转化为"金山银山"。建议结合当前正在积极开展的国土空间确权工作，利用高分遥感技术，面向生态脆弱区群众，推进生态资产评估与确权工作，明确生态资产所有权、使用权、收益权等权属情况，核算可交易的生态资产的数量、质量，通过第三方开展自然资本价值评估，为实现自然资本货币化交易提供基础。并进一步通过绿色金融体系实现自然资本向金融资本的转化。

第二，探索建立绿色农业体系，提升农产品绿色增加值。祁连山区域生态环境优良，区域内工业生产活动强度较低，适宜发展绿色有机农业。建议在摸清区域自然资本的基础上，以高端绿色有机食品生产与加工为主导方向，合理规划种、养殖类型，科学划定种、养殖区域，建立完善、具有鲜明区域特色的区域绿色农业生产标准，建设标准化、生态化的绿色有机农业生产体系和农产品质量安全追溯体系，在保证区域产品质量的基础上，加大宣传力度，形成具有区域特色的品牌效应，形成特色拳头产品。通过"公司＋农户"的生产模式，统一区域品牌营销，统一区域品牌的物流冷链建设，延长产业链条，让区域农业生产形成绿色、安全、高附加值的新发展模式，提升区域生计资本的综合产出效率。

3. 针对敏感人群设计差异化帮扶政策

精准识别政策敏感群体，加大对政策敏感人群的针对性帮扶力度，稳定其收入水平。

第一，识别政策敏感人群，评估影响程度。在科学考察访谈过程中，我们发现不同人群对于生态环境治理及生态移民政策的敏感性有所差异。近年来随着区域经济的发展，以及年轻一代受教育水平的提高，祁连山区域大批农牧民已经放弃原有的农牧业生产，转而外出务工，生态环境治理开展生态移民对于这部分群众而言，其居住环境和交通条件得到了改善，这有助于扩大其就业的范围，寻找待遇更为优厚的就业岗位，这部分人群以 20 ～ 35 岁的年轻人群体为主，大多接受过初中以上的教育，对于新技术有较好的接受度，对于这部分人群，生态环境治理对其生计不存在太多负面影响。而与之相对的 40～55 岁的中年人对政策较为敏感，这部分人群长期从事农牧业生产，缺乏其他劳动技能，同时生活压力较大，受教育水平普遍较低，转变生计模式的困难多，寻找新的就业岗位难度大。需要给予这部分政策敏感人群更多的关注与帮扶。首先，精准识别生态环境治理过程中政策敏感人群；其次，对上述人群划分影响类型，结合帮扶建档立卡工作，对上述人群进行详细登记；最后对其进行评估分析，为进一步帮扶夯实基础。

第二，实施差异化帮扶政策，稳定政策敏感人群收入水平。结合政策敏感人群登记情况，根据不同类型制定相应的帮扶政策。建议对于丧失劳动能力的或因病致困的人群，重点提升基本保障水平，并推进农牧民土地、集体林地、草场产权入股工作，将自然资本股份化，获取股份收益；对于具有一定劳动能力和学习能力的农牧民开展简单技术培训，给予专项贷款以开展定向帮扶重点发展绿色旅游等服务行业，从而获得劳动收入；在祁连山区域设立生态管护员工作岗位，以森林、草原、湿地、沙化土地管护为重点，让能胜任岗位要求的政策敏感人群优先参加生态管护工作，通过生态公益性岗位得到稳定的工资性收入，实现"家门口脱困"。通过上述途径降低政策敏感人群的生计风险水平。

7.4 小结

面向祁连山区域的长期可持续发展需求，我们要以习近平的生态文明思想和"两山论"为理论基础，以"政策托底，生计提升，产业转型"为导向。建立、完善区域生态补偿制度，精准识别补偿对象、加大补偿力度、多元化补偿方式，实现自然资本价值化，让生态保护有利可图，为区域农牧民生计托底；采取多元化手段，提升区域农牧民生计资本水平，提高生计资本的产出效率，帮助当地群众形成新的可持续生计模式，稳定并逐步提高区域农牧民收入水平；加大政策扶持力度，探索创新发展模式，调整产业结构，引导祁连山区域形成以高端绿色旅游、绿色有机农业为龙头的可持续发展模式。多管齐下，实现祁连山地区生态保护与生计稳定的双重目标。

第 8 章

祁连山监测系统集成与地方服务

8.1 甘肃省祁连山保护区人类活动遥感监测系统

甘肃省祁连山自然保护区人类活动遥感监测系统运用卫星遥感、地面监测等信息技术，建成了"一库八网三平台"生态环境信息监控系统（图8.1），推动生态环境监测由点向面、由静态向动态、由平面向立体发展，形成全区域、全方位的空天地一体立体化生态环境监测网络，为生态环境保护提供了有力保障。该系统通过定时获取甘肃祁连山国家级自然保护区生态环境遥感监测数据和区域范围内各类监测数据，构建包括实时监测、遥感传输、基础地理、数据集成、异常预警、地面调查、常态监管等多源数据集成的大数据库，通过定期比对分析，对甘肃祁连山国家级自然保护区遥感监测数据每月获取一次，初步实现了对自然保护区生态环境的常态化监管。通过祁连

图 8.1 祁连山生态环境监测网络管理平台

图中展示了"一库"（生态大数据库）、"八网"（大气监测网、水质监测网、噪声监测网、土壤监测网、机动车尾气监测网、核与辐射监测网、重点企业监测网和重点区域监测网）和"三平台"（卫星遥感、生态修复和智慧环保）

山人类活动变化与影响综合考察，天空地一体化精细监测模式成功应用于甘肃省祁连山保护区人类活动遥感监测系统平台，实现对祁连山人类活动发展进程的分析，以及区域整改监测（图 8.2）和常规化监测（图 8.3），并对重点人类活动开展了无人机精细化监测和地面核查，精准检验了祁连山生态保护与治理成效。甘肃省祁连山保护区人类活动遥感监测系统平台是甘肃省率先建成的生态环保信息监控系统，该平台在甘肃

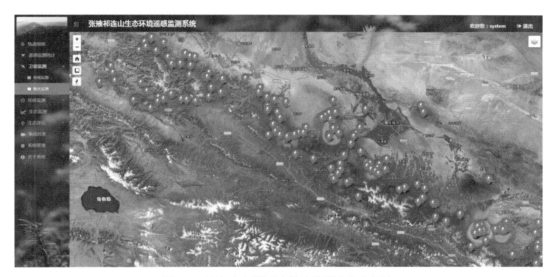

图 8.2　祁连山人类活动整改监测业务化平台
图中展示了甘肃祁连山国家级自然保护区 179 个环保督察点的分布情况，
通过平台可以实时查看整改前后变化，以及恢复治理成效

图 8.3　祁连山人类活动常规监测业务化平台
图中展示了甘肃祁连山国家级自然保护区常规监测异常点的月度监测对比情况，
通过平台实时查看异常点位置、地面景观变化特征等

省各市、县大力推广与应用，目前主要应用于甘肃省环境监测中心站、祁连山水源涵养林研究院、张掖市生态环境局等部门以开展甘肃省人类活动监测、生态环境质量综合评估与风险预警的业务化应用（图 8.4）。

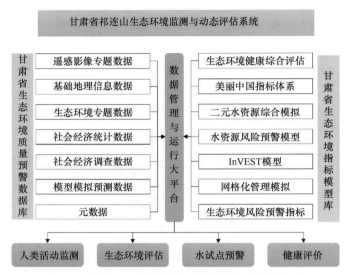

图 8.4　祁连山人类活动及环境质量变化监测体系

图中展示了甘肃省祁连山保护区人类活动遥感监测系统在甘肃省生态监测总站的应用，该系统通过综合集成卫星遥感数据、生态环境专题数据等，开展人类活动对生态环境健康的影响评价以及带来的水资源风险和生态环境风险预警

8.2　祁连山国家公园全过程监控技术集成与示范系统

　　针对祁连山国家公园内的冰川、冻土、森林、湿地、草原等不同生态功能区，开展了生态 - 水文变化过程、人类活动范围与强度、濒危野生动植物种群及栖息地变化、矿产资源开发等的生态环境全过程监测，通过集成高分卫星遥感、无人机遥感与地面观测等"天 - 空 - 地"一体化监控技术，融合物联网、大数据和云计算技术将一体化的监测系统互联互通，设计了国家公园多种仪器间的优化部署、立体联动、多维感知、协同配合应用范式，研发了多源数据的全景拼接、实景标注、动态评估等技术。通过建设综合数据库、Web 在线管理系统、数据 - 模型融合系统等软硬件环境，构建了祁连山国家公园生态环境全过程联动协同的实时可视化监控平台（图 8.5），为生态环境评估、预测、预警提供软硬件接口，并建立"天上看、空中探、地面查"的全过程、智能化、一体化监控示范基地。针对祁连山国家公园高寒草甸、冰川、森林等重要生态系统，构建了祁连山西段疏勒河源多年冻土区高寒草甸监测示范区、祁连山中段黑河源区八一冰川冻土带监测示范区和祁连山中段大野口流域森林生态水文监测示范区。每个示范区架设了仪器设备，开展了野外实地调查、定位监测和遥感监测，开发了典型生态环境变化监控技术平台（图 8.6）。建立了以红外相机网格为主并辅以无人机航拍和

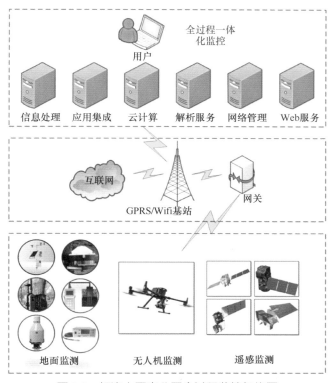

图 8.5 祁连山国家公园全过程监控架构图

图中展示了基于祁连山国家公园典型示范区的地面监测、无人机监测和高分遥感监测数据，采用互联网、通用分组无线业务（general packet radio service，GPRS）等有线或无线网络传输方式，通过对接收到的数据进行解析、处理、计算、集成等操作，形成祁连山国家公园全过程一体化监控系统

图 8.6 祁连山国家公园典型示范区生态环境变化监测

图中展示了祁连山国家公园八一冰川冻土带冰川冻土水文监控过程，包括气象、冰川物质平衡等地面监测，归一化植被指数、植被覆盖度等遥感监测，以及水源涵养、固碳量等生态系统服务功能监测

样线巡护的监测体系,掌握了雪豹、岩羊及同域物种的种群动态变化规律,通过"点-线"植物调查方式明确了濒危、特有植物的种群动态(图8.7)。基于卫星遥感高时间、高空间、高精度的观测优势,通过集成长时间序列变化检测算法(breaks for additive seasonal and trend, BFAST)、深度非监督变化检测算法(deep slow feature analysis, DSFA)等,对工矿、旅游、水电、城市扩展等人类活动变化过程开展年度/季度的逐像元动态变化检测(图8.8)。

图 8.7　祁连山国家公园野生动植物监控

图中展示了祁连山国家公园油葫芦管护站岩羊监控过程,该系统显示了红外相机的布设点位和野外调查点位,
以及红外相机所拍摄的岩羊视频和图片

图 8.8　祁连山国家公园遥感动态监控

图中展示了祁连山国家公园周边的木里煤矿变化检测,包括遥感数据的预处理、变化检测算法运行、检测结果展示

8.3　青海省生态环境综合监测与本底评估系统

　　青海省生态环境综合监测与本底评估系统构建了由卫星遥感、无人机、地面监测网络组成的天空地一体化生态环境本底监测体系，综合人文社会经济资料，建立了翔实、可靠的青海祁连山生态环境与社会经济本底数据库，建成了青海省生态环境综合监测与本底评估系统。基于祁连山人类活动变化与影响考察，将考察方法和结果成功应用于青海省开展祁连山生态环境本底调查与综合评估、祁连山国家公园青海片区大数据平台开发等工作。青海省生态环境厅等部门针对青海祁连山区域日益突出的生态问题，通过本次科学考察重大发现及生态环境监测网络长期监测，深入分析区域生态环境变化及其影响因素，建立生态环境保护与管控分区，并采用综合模拟模型实现相关生态系统服务功能的时空定量化分析，揭示区域生态环境演变的内在规律，开展生态系统健康、生态安全、生态足迹与承载力的综合评价（图 8.9）。祁连山国家公园是中国十大国家公园之一，总面积 5.02 万 km^2，其中青海片区 1.58 万 km^2。祁连山人类活动变化与影响考察数据成果支撑了祁连山国家公园青海片区大数据平台的建设，该平台集

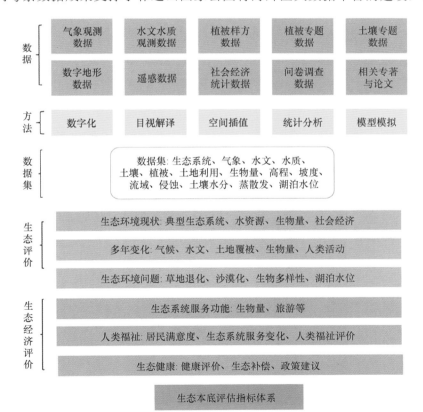

图 8.9　青海省祁连山生态环境综合监测与评估体系

图中展示了青海省生态环境综合监测与本底评估系统体系，该体系综合卫星遥感、无人机、地面监测、社会经济调查等，
开展区域生态环境本底评估，分析人类活动带来的生态环境问题，提出区域可持续发展对策与建议

成了祁连山区及六大流域、天空地一体化监测、国家公园山水林田湖草和国家公园生态评估四个子平台（图 8.10）。其中祁连山及六大流域子平台展示了祁连山基本概况、生态地位、生态保护区和区域内冰川水系分布情况；天空地一体化监测子平台能够实时展示卫星的运行轨道（图 8.11）、遥感数据传输与监测、典型区域无人机精细监测、地面长期定位站监测、人类活动遥感监测、雪豹监测、地质灾害监测以及巡护监测；国家公园"山水林田湖草"子平台展示了祁连山国家公园青海片区海拔、山地地形、植被指数、径流量、森林蓄积量、农田面积、湖泊面积和草地生物量等 15 个指标的空

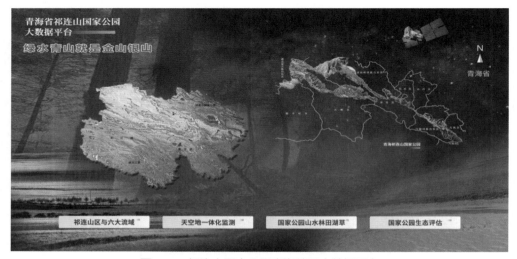

图 8.10　祁连山国家公园青海片区大数据平台
图中展示了祁连山国家公园青海片区大数据平台首页，平台分为祁连山区与六大流域、天空地一体化监测、
国家公园山水林田湖草和国家公园生态评估四个模块

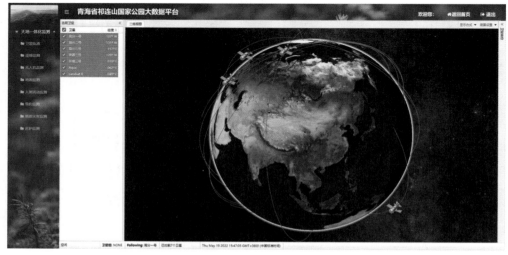

图 8.11　祁连山国家公园青海片区天空地一体化监测
图中展示了祁连山国家公园青海片区天空地一体化监测中卫星运行轨道，包括高分一号、高分二号、
高分三号、资源三号、环境三号等卫星的运行轨道

间展示与综合分析（图 8.12）；国家公园生态评估子平台展示了祁连山国家公园青海片区涉及水土气生人专题的冰川、积雪、土壤、气温、植被类型、人口和 GDP 等 13 个指标，以及反映生态结构、生态功能和生态安全等综合评估的景观指数、生态系统服务能力指数和人类活动胁迫指数等 5 个指标的空间展示与综合分析（图 8.13）。通过建立青海省祁连山生态环境数据综合服务与管理平台和祁连山国家公园青海片区大数据平台，为青海省生态环境保护与治理部门、研究机构与社会公众提供数据共享服务和生态环境保护政策建议。

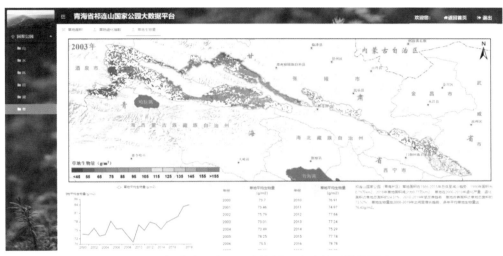

图 8.12　祁连山国家公园青海片区山水林田湖草要素

图中展示了祁连山国家公园青海片区山水林田湖草中草地生物量的展示和统计分析，包括草地生物量指标的空间分布图、统计图、统计表和变化分析结果

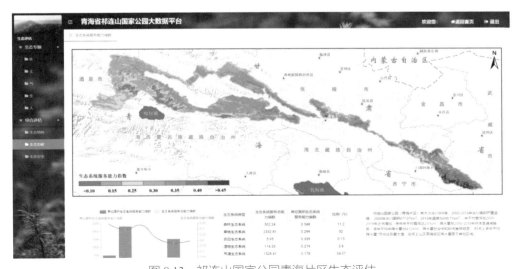

图 8.13　祁连山国家公园青海片区生态评估

图中展示了祁连山国家公园青海片区生态评估中生态功能的结果展示和统计分析，包括生态功能中生态系统服务指数的空间分布图、统计图、统计表和评估结果

第 9 章

走向绿色发展：科学考察
总结与建议

9.1 祁连山人类活动科学考察总结

近年来，在气候变化和人类活动双重作用下，特别是受矿产资源粗放开发、水电水资源无序利用、旅游活动无视保护区核心生态系统服务功能等人类活动的干扰破坏，祁连山局域森林灌丛植被破坏、水质污染、河道流量减少、草地退化、动植物多样性减少等问题十分突出，严重影响了祁连山整体的、长期的生态功能和生态屏障作用。自 2015 年 9 月中华人民共和国环境保护部会同国家林业局约谈甘肃省相关部门，特别是 2017 年 7 月中共中央办公厅、国务院办公厅就甘肃祁连山国家级自然保护区生态环境问题发出通报以来，祁连山存在的违法违规开矿、水电设施违建、偷排偷放、环境问题整改不力等行为得到了彻底改变（表 9.1）。

表 9.1 祁连山重点生态环境问题

问题	典型案例	生态治理监测结果
违法违规开发矿产资源	保护区设置的 144 宗探矿权、采矿权中，有 14 宗是在 2014 年 10 月国务院明确保护区划界后违法违规审批延续的，涉及保护区核心区 3 宗、缓冲区 4 宗。长期以来大规模的探矿、采矿活动，造成保护区局部植被破坏、水土流失、地表塌陷	保护区内探采矿项目 100% 全停，81.3% 开展修复整理，53.5% 矿业权全部退出注销，修复面积达 580hm^2，生态恢复治理通过边坡削方整平、废渣回填、表土回填、人工种草、围栏封育等一系列工程措施，工程治理效果明显，整治后植被覆盖程度有了一定的回升，但是与天然植被相比，修复区植被恢复速度缓慢
部分水电设施违法建设、违规运行	祁连山区域黑河、石羊河、疏勒河等流域高强度开发水电项目，共建有水电站 150 余座，其中 42 座位于保护区内，存在违规审批、未批先建、手续不全等问题。由于在设计、建设、运行中对生态流量考虑不足，导致下游河段出现减水甚至断流现象，水生生态系统遭到严重破坏	保护区内水电设施 100% 改造，85.7% 的水利水电项目完成了环境整治和生态修复，14.3% 水电站已全部退出，修复面积达 100hm^2。生态恢复治理主要通过人工种草、围栏封育等一系列工程措施，工程治理效果明显，安装生态基流监控平台，保障河道生态基流足额下泄
周边企业偷排偷放	部分企业环保投入严重不足，污染治理设施缺乏，偷排偷放现象屡禁不止。巨龙铁合金公司毗邻保护区，大气污染物排放长期无法稳定达标，当地环保部门多次对其执法，但均未得到执行。石庙二级水电站将废机油、污泥等污染物倾倒河道，造成河道水环境污染	周边企业 100% 改造环保设施，建立企业污染源数据监测网，对境内生态环境状况监测全天候全覆盖，及时发现和准确反映污染源排放状况、潜在生态环境风险，2018 年，污染源在线监测数据传输有效率达 92.62%
生态环境突出问题整改不力	2015 年 9 月，环境保护部会同国家林业局就保护区生态环境问题，对甘肃省林业厅、张掖市政府进行公开约谈。甘肃省没有引起足够重视，约谈整治方案瞒报、漏报 31 个探采矿项目，生态修复和整治工作进展缓慢，截至 2016 年底仍有 72 处生产设施未按要求清理到位	甘肃省相关部门进行反思，进一步分析问题产生的根源，将思想和行动与党中央决策部署统一，真抓实干，着重监督重点保护区和薄弱环节。截至 2018 年，全面清理退出已设置矿业权，推进矿山环境恢复治理，试验区的水利设施项目规范清理整顿，旅游项目进行科学评估规范整治，严格划定祁连山生态保护红线，建立长期有效的管理体制，设立生态补偿机制

祁连山人类活动变化与影响科学考察，聚焦祁连山 20 世纪 80 年代以来的人类活动变化与今后的社会经济绿色发展，利用遥感监测、无人机监测、野外实地调查、社会经济调查相结合的天空地一体化监测体系，开展祁连山北坡与河西走廊、祁连山南坡与柴达木盆地区矿山开采、水电开发、旅游设施、过度放牧的人类活动精细调查，以及自然资本、物质资本、金融资本、人力资本和社会资本五项农牧民生计资本与生

计模式问卷调查，采用多种物理和统计模型定量分析 2000 ～ 2008 年来人类活动强度变化及对生态环境质量的影响。通过考察重点环境整改区域，核算各项目生态环境治理后的环境效益和农牧民生计损失，梳理人类活动影响下生态环境治理对当地农牧民生计的影响过程，提出生态与生计双赢的绿色发展策略，为祁连山"山水林田湖草"系统生态恢复工程、区域生态补偿等提供科学依据、数据支撑和政策建议。

通过考察得出：一是祁连山生态环境治理已初见成效，矿产资源开采、水电建设、旅游开发、超载放牧等问题得到了有效控制，生态环境治理后的祁连山区域内不合理的人类活动强度明显减弱。治理之后，2018 年相比 2016 年，区域内人类活动点位数大幅减少，尤其是工矿点位数量减少近三成，建设用地面积减少了 13.7 hm^2，工矿用地占地面积减少了 586.1 hm^2，旅游用地减少了 7.1 hm^2，水利设施用地面积减少 100.7 hm^2。二是矿山开采造成的重金属排放对矿区周边水体及土壤存在很大危害，受矿山影响的水土环境质量状况较差，重金属含量较高，矿山废水通过降水入渗以及径流过程进入地表水体、地下水体及土壤之中，对环境危害较大。三是局域生态系统服务价值和生态环境效益提升，基于 InVEST 模型核算结果，结合区域生态环境治理前后的土地利用变化开展核算，生态环境治理后区域新增局域生态系统服务价值 0.05 亿元；依据区域生态环境治理后的矿产资源开采数据，结合《全国第一次污染源普查公报》的行业排污强度数据，采用综合环境和经济核算体系对减排污染物的实物量和价值量进行核算，区域新增环境效益 1.94 亿元 /a；综合新增生态系统服务和环境污染物减排核算结果，区域年新增生态环境效益价值合计 1.99 亿元。三是生态环境治理对区域部分经济行业部门产生短期不利影响，甘肃省武威市、张掖市、青海省海北藏族自治州、海西蒙古族藏族自治州四市（州）2017 年工业增加值较 2016 年总体下降 53.09 亿元，对居民生计产生一定冲击，生态移民生计模式被迫改变，生计风险增高。四是祁连山区生态系统服务价值具有典型的远程耦合特征，且价值巨大，祁连山生态系统服务价值高达 10676.19±1601 亿元 /a，远高于传统方法计算的局域生态系统服务核算价值。

9.2　祁连山人类活动科学考察亮点

采用卫星遥感、无人机监测、野外实地考察和社会经济调查相结合的天空地一体化综合技术手段，研建了甘肃省祁连山保护区人类活动遥感监测系统和青海省生态环境综合监测与本底评估系统。

天空地一体化的综合监测体系，不仅推动了祁连山生态环境监测由点向面、由静态向动态、由平面向立体发展，还集成了实时监测、遥感传输、基础地理、地面调查、社会经济等监测与评估数据库，为祁连山生态环境保护与治理部门、研究机构与社会公众，提供数据共享服务和生态环境保护政策建议。

精细调查了祁连山人类活动影响，发展了基于远程耦合的生态系统服务价值评估方法，体现了祁连山生态系统服务价值的辐射效应。

祁连山生态系统服务价值不仅仅体现在局域范围，而且通过远程耦合，向毗邻及远距离区域辐射其生态保护、文化和政治安全等价值。为了全面评价祁连山生态系统服务的价值，基于远程耦合思路，创新性地提出了基于网络全民问卷调查和条件价值评估的生态系统服务价值评价方法。利用互联网开展覆盖全国的问卷调查，获取有效问卷 4120 份，利用权变估值法分析发现，祁连山生态系统服务综合价值高达 10676.19±1601 亿元 /a。这一估值远高于传统生态系统服务核算价值，体现了生态系统服务对其他区域产生的重要影响，合理计算了祁连山生态系统服务的全域价值，为区域生态补偿等相关政策的制定提供了重要依据，有助于自然资本向金融资本的有效转化，真正体现了"绿水青山就是金山银山"发展理念的科学内涵。

准确评估了生态环境治理对生态环境恢复和地方社会经济的变化影响，提出了生态与生计双赢的可持续发展策略。

祁连山生态环境治理已初见成效，矿产资源开采、水电建设、旅游开发、超载放牧等问题得到了有效控制，生态环境治理后的祁连山区域内不合理的人类活动强度明显减弱。生态环境治理对区域经济产生了部分负面的、但短期的影响，造成的区域经济损失达到 53.09 亿元，对居民生计产生一定冲击，生态移民生计模式被迫改变，生计风险增高。

9.3 建议

1. 建立天空地一体化体系，实施人类活动系统监测

针对目前祁连山区域生态环境监测方面存在的不全面、不系统、不可比的突出问题，以区域人类活动为监测重点，依托祁连山山水林田湖生态修复试点项目，建立覆盖祁连山的"天空地一体化"人类活动全区域、全方位月度监测与预警平台。

综合运用"3S"技术，实现高分卫星遥感监测、无人机多传感器监测和地面监测的有机衔接，加强监测数据库和信息管理系统建设，升级人类活动及生态环境遥感监测平台，增强监测数据的获取与处理能力，实现对矿山开采、水电建设、旅游开发、过度放牧等人类活动精细化监测，精准检验祁连山人类活动影响下生态环境保护与治理后植被恢复、环境质量，并综合祁连山生态水文综合监测网络、生态环境评估模型，评价祁连山生态环境治理成效，为局域生态系统服务功能核算、资产核算、环境效益核算提供可靠数据支持。

2. 推进祁连山人类活动综合管理与分区管控

建立属地管理制度，明确管理责任主体，实现区域人类活动分区精细治理。目标：坚持"属地管理、分级负责、全面覆盖、责任到人"原则，按照"定区域、定职责、定人员、定任务、定考核"的要求，建立省、市 / 州、县、乡镇、企业五级网络化监管体系，从国家到省市县政府及相关部门，层层分解落实建设任务，强化地方政府属地

责任、部门监管责任和企业的主体责任。做到监管与发展、监管与服务、监管与维权、监管与执法、监管与宣教的五个统一，做到各司其职，恪尽职守，突出重点，综合整治，构建"地方履行属地职责、部门强化行业管理"的多元化共治的新格局。加强对开发建设活动的生态监管，明显提升祁连山重点区域的生态环境质量。

网络化管理体系运行，明确职责和落实责任。一是各级责任主体需对本级网格内的人类活动进行统一管理，保障本级网格日常运行，指导监督下级网格建立运行，并协调解决重大生态环境问题。相关职能部门依据相关法律法规和重要规章文件，做到职责边界清晰。各责任主体还需将自身职责细化分解到具体监管责任人，明确监管责任人分工。二是规范网格体系运行管理。网格化人类活动监管体系运行管理遵循"五定"原则，即定区域、定人员、定职责、定任务、定奖惩。做到网格边界清晰、责任主体明确、职责职能规范、目标任务具体、考核评价客观，相关内容向社会公开公示。落实网格责任，各职能部门之间要层层签订责任状，明确工作任务和奖惩措施。网格内部相关部门加强协调，建立联动机制，认真履行监管职责。各企业建立环境管理自律体系，严格遵守环境保护法律、法规和政策、标准，主动接受环境现场执法检查和监督管理，确保环境风险防控措施落实到位。

开展过程管理，控制区域人类活动强度，严控区域生态环境退化风险。对区域内生态环境退化风险进行全面系统评估，明确各区域生态环境主要影响因素及问题，实现风险分级管理。对于人类活动突出的重点区域加强监测与评估密度，严格禁止影响生态退化的人类活动，有效控制退化风险。对于退化风险较小的区域，加强工程建设与资源开发的过程管理，在开发建设的前期、中期、晚期等全过程中始终贯彻生态环境保护理念，严格审批制度，规范审批流程，建立定期上报制度，实现全程监管，严控风险。重点防范人类活动引发的滑坡、泥石流、冻融滑塌等次生灾害，针对人类活动影响区中次生灾害发生风险较高的区域，制定相应的灾害预警体系与灾害应急处置预案，降低人类活动带来的次生灾害的危害性。

3. 完善区域生态补偿制度，引导可持续发展模式，提升生计资本

通过本次科学考察研究发现祁连山全域生态系统服务价值高达 10676.19±1601 亿元/a，其生态系统服务辐射效应明显。同时生态环境治理造成的区域经济损失达到 53.09 亿元，目前并没有针对采矿、水电、旅游行业的补偿，且对畜牧业的补偿标准远低于牧户的放牧收入。建议进一步完善区域生态补偿制度，提高对农牧民的补偿标准，新增对采矿、水电、旅游等环境高危行业的补偿，引导上述行业有序退出。总体补偿标准应略高于当地生态环境治理造成的实际经济损失，调动行业退出的积极性。同时强调使用多元化补偿方式，引导区域形成高效的创新绿色发展模式，逐步实现生态与生计双赢的发展目标。面对该区域生态补偿存在重复补偿和跨区域的问题，需从国家层面做好顶层设计，开展生态补偿立法工作。明确跨区域补偿原则或标准，明确下级政府应承担的义务和责任，可大幅降低区域间协商成本，推动生态补偿工作向纵深发展。

　　加大政策扶持力度，探索创新发展模式，调整产业结构，在国家公园内适度发展高端绿色旅游，引导祁连山区域形成以高端绿色旅游、绿色有机农业为龙头的可持续发展模式，化解危机实现区域的转型跨越发展，从根源解决区域的长期发展问题，最终实现祁连山生态与生计双赢的发展目标。

　　激发本地绿色经济活力，通过技术补偿、政策补偿等方式提升区域农牧民各项生计资本，采取多元化手段，提升区域农牧民生计资本水平，提高生计资本的产出效率，帮助当地群众形成新的可持续生计模式，稳定并逐步提高区域农牧民的收入水平，实现区域发展中的生态与生计双赢，探索生态屏障区生态环境治理的祁连山模式，为"一带一路""绿色发展"提供样板。

参考文献

车克钧, 傅辉恩, 王金叶. 1998. 祁连山水源林生态系统结构与功能的研究. 林业科学, 34(5): 29-37.

陈东景, 徐中民, 马安青. 2002. 祁连山区生态经济系统可持续发展研究-以青海省祁连县为例. 国土与自然资源研究, (3): 3-5.

丁文广, 勾晓华, 李育. 2018. 祁连山生态绿皮书: 祁连山生态系统发展报告. 北京: 社会科学文献出版社.

贾文雄, 何元庆, 李宗省, 等. 2008. 祁连山区气候变化的区域差异特征及突变分析. 地理学报, 63(3): 257-269.

贾文雄, 何元庆, 王旭峰, 等. 2009. 祁连山及河西走廊潜在蒸发量的时空变化. 水科学进展, 20(2): 159-167.

靳芳, 张振明, 余新晓, 等. 2005. 甘肃祁连山森林生态系统服务功能及价值评估. 中国水土保持科学, 3(1): 53-57.

康庄. 2010. 矿山生态环境恢复治理保证金制度研究. 南昌: 江西理工大学.

李肖娟. 2018. 气候变化和人类活动对祁连山草地演变影响程度的研究. 西安: 陕西师范大学.

李新, 勾晓华, 王宁练, 等. 2019. 祁连山绿色发展: 从生态治理到生态恢复. 科学通报, 64(27): 176-185.

刘晶, 刘学录, 侯莉敏. 2012. 祁连山东段山地景观格局变化及其生态脆弱性分析. 干旱区地理, 35(5): 795-805.

刘庄, 沈渭寿, 车克钧, 等. 2006. 祁连山自然保护区生态承载力分析与评价. 生态与农村环境学报, 22(3): 19-22.

卢颖. 2020. 祁连山东部主要水系浮游植物群落特征及其影响因素研究. 兰州: 兰州大学.

汤萃文, 杨莎莎, 刘丽娟, 等. 2012. 基于能值理论的东祁连山森林生态系统服务功能价值评价. 生态学杂志, 31(2): 433-439.

田春英. 2018. 祁连山物种多样性研究与保护. 绿色科技, (20): 55-56.

汪有奎, 郭生祥, 汪杰, 等. 2013. 甘肃祁连山国家级自然保护区森林生态系统服务价值评估. 中国沙漠, 33(6): 1905-1911.

王涛, 高峰, 王宝, 等. 2017. 祁连山生态保护与修复的现状问题与建议. 冰川冻土, 39(2): 229-234.

谢高地, 张彩霞, 张雷明, 等. 2015. 基于单位面积价值当量因子的生态系统服务价值化方法改进. 自然资源学报, 30(8): 1243-1254.

谢高地, 甄霖, 鲁春霞, 等. 2008. 一个基于专家知识的生态系统服务价值化方法. 自然资源学报, 23(5): 911-919.

袁建文, 李科研. 2013. 关于样本量计算方法的比较研究. 统计与决策, (1): 22-25.

湛东升, 张文忠, 余建辉, 等. 2016. 问卷调查方法在中国人文地理学研究中的应用. 地理学报, 71(6): 899-913.

张强, 杜志成. 2016. 丝绸之路经济带上区域生态安全评价研究——以祁连山冰川与水涵养生态功能区为例. 生态经济, 32(10): 169-214.

赵传燕, 冯兆东, 刘勇. 2002. 祁连山区森林生态系统生态服务功能分析——以张掖地区为例. 干旱区资源与环境, 16(1): 66-70.

Costanza R, D'Arge R, de Groot R D, et al. 1997. The value of the world's ecosystem services and natural capital. Ecological Economics, 25(1): 3-15.

Costanza R, Groot R D, Sutton P, et al. 2014. Changes in the global value of ecosystem services. Global Environmental Change, 26: 152-158.

Daily G C. 1997. Nature's Services: Societal Dependence on Natural Ecosystems. Washington: Island Press.

Fu X F, He H M, Jiang X H, et al. 2008. Natural ecological water demand in the lower Heihe River. Frontiers of Environmental Science & Engineering in China, 2(1): 63-68.

Liu J G, Mooney H, Hull V, et al. 2015. Systems integration for global sustainability. Science, 347(6225): 1258832.

Liu S, Dong Y, Cheng F, et al. 2016. Practices and opportunities of ecosystem service studies for ecological restoration in China. Sustainability Science, 11(6): 935-944.

Masloboev V A, Seleznev S G, Makarov D V, et al. 2014. Assessment of eco hazard of copper.nickel ore mining and processing waste. Journal of Mining Science, 50(3): 559-572.

Pu S, Shao Z, Yang L, et al. 2019. How much will the Chinese public pay for air pollution mitigation? A nationwide empirical study based on a willingness-to-pay scenario and air purifier costs. Journal of Cleaner Production, 218: 51-60.

Qi S, Luo F. 2006. Land-use change and its environmental impact in the Heihe River Basin, arid northwestern China. Environmental Geology, 50(4): 535-540.

Sang Y F, Wang Z, Liu C, et al. 2014. The impact of changing environments on the runoff regimes of the arid Heihe River basin, China. Theoretical & Applied Climatology, 115(1-2): 187-195.

Unteregelsbacher S, Hafner S, Guggenberger G, et al. 2012. Response of long medium and short term processes of the carbon budget to overgrazing induced crusts in the Tibetan Plateau. Biogeochemistry, 111(1-3): 187-201.

附　录

人类活动变化与影响考察组附录主要分为考察组重点考察区、考察日期、遥感数据源、环境质量调查数据、生态环境核算指标值、远程耦合问卷调查等部分，总计23 个附录材料，具体见附录详情。

附表 1 主要包括人类活动变化与影响组野外调查天数、日期、工作内容和考察路线，用于说明人类活动变化与影响组野外考察路线及重点区域。

附表 1 人类活动变化与影响考察组考察日程

日期	工作内容	考察路线
2018 年 9 月 26 日	前往青海省，海东市自然资源和规划局、水利局、文体旅游广电局、农业农村局资料收集	兰州市—西宁市
2018 年 9 月 27 日	海北藏族自治州自然资源局、水利局、文体旅游广电局、农业农村局资料收集	西宁市—海北藏族自治州
2018 年 9 月 28 日	人类活动点无人机调查	海北藏族自治州
2018 年 9 月 29 日	海西蒙古族藏族自治州自然资源局、水利局、文体旅游广电局、农业农村局资料收集	海北藏族自治州—海西蒙古族藏族自治州
2018 年 9 月 30 日	哈拉湖区域考察	海西蒙古族藏族自治州—刚察县
2018 年 10 月 01 日	人类活动点无人机调查	刚察县—祁连县
2018 年 10 月 02 日	人类活动点无人机调查	祁连县
2018 年 10 月 03 日	返回兰州	祁连县—兰州市
2018 年 10 月 08 日	前往张掖，无人机试飞	兰州市—张掖市
2018 年 10 月 09 日	甘州区生态整治点飞行	张掖市甘州区
2018 年 10 月 10 日	肃南县无人机飞行	甘州区—肃南县
2018 年 10 月 11 日	肃南县无人机飞行	甘州区—肃南县
2018 年 10 月 12 日	肃南县无人机飞行	甘州区—肃南县—嘉峪关市
2018 年 10 月 13 日	肃南县无人机飞行	嘉峪关市—肃南县
2018 年 10 月 14 日	肃南县	嘉峪关市—肃南县
2018 年 10 月 15 日	返回兰州	嘉峪关市—兰州市

附表 2 主要包括土地利用变化调查组调查日期、工作内容和考察路线，用于说明土地利用变化调查组野外考察路线及重点区域。

附表 2 土地利用变化调查组祁连山北坡与河西走廊调查日程

日期	工作内容	调查区域
9 月 25 日	沿线城镇化、生态环境状况、土地利用类型	兰州市—西宁市
9 月 26 日	调查土地覆盖 / 利用类型及 2015 年数据验证	西宁市—湟源县
9 月 27 日	调查土地覆盖 / 利用类型及 2015 年数据验证	湟源县—海西蒙古族藏族自治州
9 月 28 日	调查土地覆盖 / 利用类型及 2015 年数据验证	德令哈市—阿克塞县
9 月 29 日	农业活动，绿洲开发	敦煌市—酒泉市
9 月 30 日	农业活动，绿洲开发	酒泉市—临泽县
10 月 1 日	牧业及牧草利用状况	临泽县—门源县
10 月 2 日	仙米乡、天堂镇、吐鲁沟土地利用数据进行验证及修改。森林保护	门源县—兰州市
10 月 9 日	河西走廊土地利用数据进行验证及修改	兰州市—敦煌市

续表

日期	工作内容	调查区域
10 月 10 日	疏勒河流域部分绿洲及附近洪积扇的土地利用类型验证及修改，绿洲中上游水库、河流现状的调研	敦煌绿洲—玉门
10 月 11 日	沿昌马河进入祁连山区，对昌马盆地和昌马河上游部分区域进行土地利用数据验证，玉门至嘉峪关沿途土地利用类型验证	玉门—嘉峪关
10 月 12 日	祁连山腹地沿途土地利用数据验证及修改	白羊沟—肃南县
10 月 13 日	黑河上游土地利用类型进行验证，尤其是森林、草甸类型	西洞乡—武威市
10 月 14 日	对石羊河中下游，武威绿洲、民勤绿洲、青土湖进行土地利用数据验证	红崖山水库—兰州市

附表 3 主要包括绿色发展调查组祁连山北坡与河西走廊调查日期、工作内容和考察路线，用于说明绿色发展调查组野外考察路线及重点区域。

附表 3　绿色发展调查组祁连山北坡与河西走廊调查日程

日期	工作内容	调查区域
9 月 25 日	从兰州市赶赴古浪县，下午去古浪县各局访谈及本底资料收集	武威市古浪县
9 月 26 日	古浪县黄花滩镇等入户调研	武威市古浪县
9 月 27 日	古浪县入户调研，晚上赶赴天祝县	武威市天祝县
9 月 28 日	天祝县各局访及本底资料收集	武威市天祝县
9 月 29 日	天祝县天堂镇等入户调研	武威市天祝县
9 月 30 日	天祝县赛什斯镇等入户调研	武威市天祝县
10 月 9 日	问卷整理、数据收集	张掖市甘州区
10 月 10 日	收集数据	张掖市肃南县
10 月 11 日	收集数据、入户调查问卷	张掖市肃南县
10 月 12 日	入户问卷调查	酒泉市肃州区
10 月 13 日	入户问卷调查	酒泉市肃州区
10 月 14 日	入户问卷调查	酒泉市肃州区
10 月 15 日	收集数据、入户问卷调查	张掖市民乐县
10 月 16 日	收集数据、入户问卷调查	张掖市民乐县
10 月 17 日	收集数据	张掖市民乐县
10 月 17 日	入户问卷调查	张掖市山丹县
10 月 18 日	入户问卷调查	张掖市肃南县
10 月 19 日	入户问卷调查	酒泉市肃州区
10 月 20 日	入户问卷调查	酒泉市肃州区
10 月 21 日	入户问卷调查	酒泉市肃州区
10 月 22 日	返回兰州	

附表 4 主要包括绿色发展调查组祁连山南坡与柴达木盆地调查日期、工作内容和考察路线，用于说明绿色发展调查组野外考察路线及重点区域。

附表 4　绿色发展调查组祁连山南坡与柴达木盆地调查日程

日期	工作内容	调查区域
9 月 25 日	收集统计数据	西宁市
9 月 26 日	收集统计数据	西海镇、门源县
9 月 27 日	收集统计数据、企业访谈	刚察县
9 月 28 日	收集统计数据、企业访谈	德令哈市
9 月 29 日	收集统计数据、企业访谈	德令哈市
9 月 30 日	企业访谈、返回兰州市	兰州市

　　附表 5 主要包括青海省祁连山农牧民生计调查的区域、问卷发放量、问卷回收量以及问卷回收率，用于说明青海省祁连山农牧民生计问卷调查情况。

附表 5　青海省祁连山农牧民生计调查情况

省	市州	县区	发放量 / 份	回收量 / 份	回收率 /%
青海省	海西蒙古族藏族自治州	德令哈市	40	25	62.5
		天峻县	40	36	90.0
		大柴旦行政委员会	6	3	50.0
	海北藏族自治州	祁连县	40	38	95.0
		刚察县	40	36	90.0
		海晏县	45	41	91.1
		门源县	45	40	88.9
	西宁市	大通县	45	41	91.1
	海东市	互助县	45	40	88.9
		乐都区	45	42	93.3
		民和县	45	38	84.4
合计			436	380	87.2

　　附表 6 主要包括甘肃省祁连山农牧民生计调查的区域、问卷发放量、问卷回收量以及问卷回收率，用于说明甘肃省祁连山农牧民生计问卷调查情况。

附表 6　甘肃省祁连山农牧民生计调查情况

省	市	县区	发放量 / 份	回收量 / 份	回收率 /%
甘肃省	武威市	天祝县	56	51	91.1
		古浪县	50	45	90.0
	张掖市	肃南县	110	100	90.9
		民乐县	50	49	98.0
		山丹县	30	20	66.7
	酒泉	肃州区	12	10	83.3
合计			308	275	89.3

附表 7 主要包括开展祁连山生态系统服务价值支付意愿互联网问卷调查区域、愿意支付的样本数、不愿意支付的样本数和各省（自治区、直辖市）样本总数，用于说明祁连山生态系统服务价值互联网问卷调查样本量的数量和分布情况。

附表 7　互联网问卷调查样本量分布

区域	愿意支付的样本数 / 个	不愿意支付的样本数 / 个	各省样本总数 / 个
安徽	90	38	128
北京	116	58	174
福建	58	23	81
甘肃	564	193	757
广东	162	65	227
广西	73	27	100
贵州	57	17	74
海南	40	12	52
河北	114	40	154
河南	148	49	197
黑龙江	55	24	79
湖北	89	34	123
湖南	107	33	140
吉林	57	17	74
江苏	121	44	165
江西	72	23	95
辽宁	63	27	90
内蒙古	52	9	61
宁夏	37	14	51
青海	79	35	114
山东	144	61	205
山西	138	45	183
陕西	65	14	79
上海	49	25	74
四川	122	49	171
台湾	11	8	19
天津	35	20	55
西藏	39	12	51
新疆	38	15	53
云南	68	32	100
浙江	82	33	115
重庆	61	18	79
全国	3006	1114	4120

附表 8 主要包括矿山、水电、旅游等人类活动的遥感解译数据源、轨道号和成像时间，用于说明 1990 年人类活动调查采用的数据源情况。

附表 8　祁连山 1990 年 Landsat 遥感影像列表

轨道号	成像时间	轨道号	成像时间
131034	1990 年 05 月 05 日、　1990 年 05 月 21 日、1990 年 06 月 06 日、　1990 年 06 月 22 日、1990 年 07 月 08 日、　1990 年 10 月 12 日、	133035	1990 年 05 月 03 日、1990 年 05 月 19 日、1990 年 06 月 04 日、　1990 年 06 月 20 日、1990 年 07 月 06 日、　1990 年 10 月 10 日
131035	1990 年 05 月 05 日、1990 年 05 月 21 日、1990 年 06 月 06 日、1990 年 06 月 22 日、1990 年 07 月 08 日、1990 年 08 月 25 日、1990 年 10 月 12 日	134033	1990 年 05 月 10 日、1990 年 05 月 26 日、1990 年 06 月 11 日、1990 年 06 月 27 日、1990 年 07 月 13 日、1990 年 08 月 30 日、1990 年 10 月 17 日
132034	1990 年 05 月 12 日、1990 年 05 月 28 日、1990 年 06 月 13 日、1990 年 06 月 29 日、1990 年 07 月 15 日、1990 年 08 月 16 日、1990 年 10 月 19 日	134034	1990 年 05 月 10 日、1990 年 05 月 26 日、1990 年 06 月 11 日、1990 年 06 月 27 日、1990 年 07 月 13 日、1990 年 08 月 30 日
132035	1990 年 05 月 12 日、1990 年 05 月 28 日、1990 年 06 月 13 日、1990 年 06 月 29 日、1990 年 07 月 15 日、1990 年 08 月 16 日、1990 年 10 月 19 日	135033	1990 年 05 月 01 日、1990 年 05 月 17 日、1990 年 06 月 02 日、1990 年 06 月 18 日、1990 年 07 月 04 日、1990 年 10 月 24 日
133033	1990 年 05 月 03 日、1990 年 05 月 19 日、1990 年 06 月 04 日、1990 年 06 月 20 日、1990 年 07 月 06 日、1990 年 10 月 10 日	135034	1990 年 05 月 01 日、1990 年 05 月 17 日、1990 年 06 月 02 日、1990 年 06 月 18 日、1990 年 07 月 04 日、1990 年 08 月 21 日、1990 年 10 月 24 日
133034	1990 年 05 月 03 日、1990 年 05 月 19 日、1990 年 06 月 04 日、1990 年 06 月 20 日、1990 年 07 月 06 日、1990 年 10 月 10 日	136033	1990 年 05 月 08 日、1990 年 05 月 24 日、1990 年 06 月 09 日、1990 年 06 月 25 日、1990 年 08 月 12 日、1990 年 08 月 28 日

附表 9 主要包括矿山、水电、旅游等人类活动的遥感解译数据源、轨道号和成像时间，用于说明 1995 年人类活动调查采用的数据源情况。

附表 9　祁连山 1995 年 Landsat 遥感影像列表

轨道号	成像时间	轨道号	成像时间
131034	1995 年 06 月 20 日、1995 年 07 月 06 日、1995 年 09 月 24 日	135032	1995 年 07 月 02 日
131035	1995 年 07 月 06 日、1995 年 09 月 24 日	135033	1995 年 07 月 02 日、1995 年 08 月 19 日
132033	1995 年 06 月 11 日、1995 年 06 月 27 日	135034	1995 年 08 月 19 日
132034	1995 年 06 月 11 日、1995 年 06 月 27 日	136032	1995 年 06 月 07 日、1995 年 08 月 26 日、1995 年 09 月 27 日
133033	1995 年 06 月 18 日、1995 年 09 月 22 日	136033	1995 年 06 月 07 日、1995 年 09 月 27 日
133034	1995 年 06 月 18 日	136034	1995 年 09 月 27 日
134033	1995 年 09 月 29 日	137033	1995 年 08 月 01 日、1995 年 08 月 17 日、1995 年 09 月 18 日
134034	1995 年 08 月 28 日、1995 年 09 月 29 日		

附表 10 主要包括矿山、水电、旅游等人类活动的遥感解译数据源、轨道号和成像时间，用于说明 2000 年人类活动调查采用的数据源情况。

附表 10　祁连山 2000 年 Landsat 遥感影像列表

轨道号	成像时间	轨道号	成像时间
131034	2000 年 05 月 16 日、2000 年 06 月 01 日、2000 年 06 月 17 日、2000 年 07 月 03 日、2000 年 07 月 19 日、2000 年 08 月 04 日、2000 年 08 月 20 日、2000 年 09 月 05 日、2000 年 09 月 21 日、2000 年 10 月 23 日	131035	2000 年 05 月 16 日、2000 年 06 月 01 日、2000 年 06 月 17 日、2000 年 07 月 03 日、2000 年 07 月 19 日、2000 年 08 月 04 日、2000 年 08 月 20 日、2000 年 09 月 05 日、2000 年 09 月 21 日、2000 年 10 月 23 日
132034	2000 年 05 月 07 日、2000 年 05 月 23 日、2000 年 06 月 08 日、2000 年 07 月 26 日、2000 年 08 月 02 日、2000 年 08 月 11 日、2000 年 08 月 27 日、2000 年 09 月 12 日、2000 年 09 月 28 日、2000 年 10 月 30 日	132035	2000 年 05 月 07 日、2000 年 05 月 23 日、2000 年 06 月 08 日、2000 年 07 月 26 日、2000 年 08 月 11 日、2000 年 08 月 27 日、2000 年 09 月 12 日、2000 年 09 月 28 日
133033	2000 年 05 月 14 日、2000 年 05 月 30 日、2000 年 06 月 15 日、2000 年 07 月 01 日、2000 年 08 月 18 日、2000 年 09 月 03 日、2000 年 09 月 19 日、2000 年 10 月 21 日	133034	2000 年 05 月 14 日、2000 年 05 月 30 日、2000 年 06 月 15 日、2000 年 07 月 01 日、2000 年 08 月 02 日、2000 年 08 月 18 日、2000 年 09 月 03 日、2000 年 09 月 19 日、2000 年 10 月 21 日
133035	2000 年 05 月 14 日、2000 年 05 月 30 日、2000 年 06 月 15 日、2000 年 07 月 01 日、2000 年 08 月 02 日、2000 年 08 月 18 日、2000 年 09 月 03 日、2000 年 09 月 19 日、2000 年 10 月 05 日、2000 年 10 月 21 日	134033	2000 年 05 月 05 日、2000 年 06 月 06 日、2000 年 06 月 22 日、2000 年 07 月 08 日、2000 年 07 月 24 日、2000 年 08 月 09 日、2000 年 08 月 25 日、2000 年 09 月 10 日、2000 年 09 月 26 日、2000 年 10 月 28 日
134034	2000 年 05 月 05 日、2000 年 06 月 06 日、2000 年 06 月 22 日、2000 年 07 月 08 日、2000 年 07 月 24 日、2000 年 08 月 09 日、2000 年 08 月 25 日、2000 年 09 月 10 日、2000 年 09 月 26 日、2000 年 10 月 28 日	135033	2000 年 05 月 12 日、2000 年 05 月 28 日、2000 年 06 月 29 日、2000 年 07 月 15 日、2000 年 07 月 31 日、2000 年 08 月 16 日、2000 年 09 月 01 日
135034	2000 年 05 月 12 日、2000 年 05 月 28 日、2000 年 06 月 29 日、2000 年 07 月 15 日、2000 年 07 月 31 日、2000 年 08 月 16 日、2000 年 09 月 01 日	136033	2000 年 05 月 03 日、2000 年 05 月 19 日、2000 年 06 月 04 日、2000 年 06 月 20 日、2000 年 07 月 06 日、2000 年 07 月 22 日、2000 年 08 月 07 日、2000 年 08 月 23 日、2000 年 09 月 08 日、2000 年 09 月 24 日、2000 年 10 月 26 日

附表 11 主要包括矿山、水电、旅游等人类活动的遥感解译数据源、轨道号和成像时间，用于说明 2005 年人类活动调查采用的数据源情况。

附表 11　祁连山 2005 年 Landsat 遥感影像列表

轨道号	成像时间	轨道号	成像时间
131034	2005 年 05 月 14 日、2005 年 05 月 30 日、2005 年 06 月 15 日、2005 年 07 月 01 日、2005 年 07 月 17 日、2005 年 08 月 02 日、2005 年 08 月 18 日、2005 年 09 月 03 日、2005 年 09 月 19 日、2005 年 10 月 05 日、2005 年 10 月 21 日	131035	2005 年 05 月 14 日、2005 年 05 月 30 日、2005 年 06 月 15 日、2005 年 07 月 01 日、2005 年 07 月 17 日、2005 年 08 月 02 日、2005 年 08 月 18 日、2005 年 09 月 03 日、2005 年 09 月 19 日、2005 年 10 月 05 日、2005 年 10 月 21 日
132034	2005 年 05 月 05 日、2005 年 05 月 21 日、2005 年 06 月 06 日、2005 年 06 月 22 日、2005 年 07 月 08 日、2005 年 07 月 24 日、2005 年 08 月 09 日、2005 年 09 月 10 日、2005 年 09 月 26 日、2005 年 10 月 12 日、2005 年 10 月 28 日	132035	2005 年 05 月 05 日、2005 年 05 月 21 日、2005 年 06 月 06 日、2005 年 06 月 22 日、2005 年 07 月 08 日、2005 年 07 月 24 日、2005 年 08 月 09 日、2005 年 08 月 25 日、2005 年 09 月 10 日、2005 年 09 月 26 日、2005 年 10 月 12 日、2005 年 10 月 28 日

续表

轨道号	成像时间	轨道号	成像时间
133033	2005 年 05 月 12 日、2005 年 05 月 28 日、2005 年 06 月 13 日、2005 年 06 月 29 日、2005 年 07 月 15 日、2005 年 07 月 31 日、2005 年 08 月 16 日、2005 年 10 月 03 日、2005 年 10 月 19 日	133034	2005 年 05 月 12 日、2005 年 05 月 28 日、2005 年 06 月 13 日、2005 年 06 月 29 日、2005 年 07 月 15 日、2005 年 07 月 31 日、2005 年 08 月 16 日、2005 年 09 月 01 日、2005 年 09 月 17 日、2005 年 10 月 03 日、2005 年 10 月 19 日
133035	2005 年 05 月 12 日、2005 年 05 月 28 日、2005 年 06 月 13 日、2005 年 06 月 29 日、2005 年 07 月 15 日、2005 年 07 月 31 日、2005 年 08 月 16 日、2005 年 09 月 01 日、2005 年 09 月 17 日、2005 年 10 月 03 日、2005 年 10 月 19 日	134033	2005 年 05 月 03 日、2005 年 05 月 19 日、2005 年 06 月 04 日、2005 年 06 月 20 日、2005 年 07 月 06 日、2005 年 07 月 22 日、2005 年 08 月 07 日、2005 年 08 月 23 日、2005 年 09 月 08 日、2005 年 09 月 24 日、2005 年 10 月 10 日
134034	2005 年 05 月 03 日、2005 年 05 月 19 日、2005 年 06 月 04 日、2005 年 06 月 20 日、2005 年 07 月 06 日、2005 年 07 月 22 日、2005 年 08 月 07 日、2005 年 08 月 23 日、2005 年 09 月 08 日、2005 年 09 月 24 日、2005 年 10 月 10 日	135033	2005 年 05 月 10 日、2005 年 05 月 26 日、2005 年 06 月 11 日、2005 年 07 月 13 日、2005 年 07 月 29 日、2005 年 08 月 14 日、2005 年 08 月 30 日、2005 年 09 月 15 日、2005 年 10 月 01 日、2005 年 10 月 17 日
135034	2005 年 05 月 10 日、2005 年 05 月 26 日、2005 年 06 月 11 日、2005 年 07 月 13 日、2005 年 07 月 29 日、2005 年 08 月 30 日、2005 年 09 月 15 日、2005 年 10 月 01 日、2005 年 10 月 17 日	136033	2005 年 05 月 01 日、2005 年 05 月 17 日、2005 年 06 月 02 日、2005 年 06 月 18 日、2005 年 07 月 04 日、2005 年 07 月 20 日、2005 年 08 月 05 日、2005 年 08 月 21 日、2005 年 09 月 06 日、2005 年 10 月 08 日、2005 年 10 月 24 日

附表 12 主要包括矿山、水电、旅游等人类活动的遥感解译数据源、轨道号和成像时间，用于说明 2010 年人类活动调查采用的数据源情况。

附表 12　祁连山 2010 年 Landsat 遥感影像列表

轨道号	成像时间	轨道号	成像时间
131034	2010 年 05 月 28 日	134034	2010 年 08 月 21 日
131035	2010 年 05 月 28 日	135032	2010 年 06 月 25 日
132033	2010 年 06 月 04 日、2010 年 08 月 23 日、2010 年 09 月 08 日	135033	2010 年 06 月 09 日、2010 年 06 月 25 日
		135034	2010 年 06 月 25 日
132034	2010 年 06 月 04 日、2010 年 09 月 08 日	136032	2010 年 06 月 16 日
		137032	2010 年 08 月 26 日
133033	2010 年 08 月 14 日		
133034	2010 年 08 月 14 日	137033	2010 年 06 月 07 日、2010 年 08 月 26 日、2010 年 09 月 11 日
134033	2010 年 08 月 21 日		

附表 13 主要包括矿山、水电、旅游等人类活动的遥感解译数据源和成像时间，用

于说明 2016 年人类活动调查采用的数据源情况。

附表 13　祁连山 2016 年高分系列卫星遥感影像列表

数据源	成像时间
GF1	2016 年 01 月 26 日、2016 年 02 月 15 日、2016 年 03 月 19 日、2016 年 05 月 15 日、2016 年 05 月 23 日、2016 年 06 月 30 日、2016 年 07 月 28 日、2016 年 08 月 09 日、2016 年 09 月 11 日、2016 年 09 月 28 日、2016 年 10 月 10 日、2016 年 10 月 14 日、2016 年 10 月 22 日、2016 年 12 月 11 日、2016 年 02 月 07 日、2016 年 02 月 19 日、2016 年 05 月 07 日、2016 年 05 月 19 日、2016 年 06 月 16 日、2016 年 07 月 19 日、2016 年 08 月 01 日、2016 年 09 月 03 日、2016 年 09 月 23 日、2016 年 10 月 01 日、2016 年 10 月 13 日、2016 年 10 月 18 日、2016 年 12 月 06 日、2016 年 12 月 19 日
GF2	2016 年 01 月 11 日、2016 年 02 月 11 日、2016 年 04 月 09 日、2016 年 05 月 04 日、2016 年 09 月 05 日、2016 年 09 月 20 日、2016 年 10 月 09 日、2016 年 11 月 03 日、2016 年 01 月 16 日、2016 年 04 月 04 日、2016 年 04 月 14 日、2016 年 06 月 03 日、2016 年 09 月 14 日、2016 年 09 月 29 日、2016 年 10 月 24 日、2016 年 11 月 13 日、2016 年 07 月 13 日
ZY3	2016 年 01 月 16 日、2016 年 01 月 26 日、2016 年 02 月 14 日、2016 年 03 月 30 日、2016 年 04 月 09 日、2016 年 05 月 12 日、2016 年 07 月 04 日、2016 年 07 月 16 日、2016 年 07 月 27 日、2016 年 07 月 31 日、2016 年 09 月 02 日、2016 年 09 月 07 日、2016 年 10 月 05 日、2016 年 10 月 19 日、2016 年 11 月 16 日、2016 年 12 月 03 日、2016 年 01 月 25 日、2016 年 02 月 04 日、2016 年 02 月 29 日、2016 年 04 月 04 日、2016 年 04 月 13 日、2016 年 06 月 16 日、2016 年 07 月 15 日、2016 年 07 月 19 日、2016 年 07 月 30 日、2016 年 08 月 04 日、2016 年 09 月 03 日、2016 年 09 月 22 日、2016 年 10 月 15 日、2016 年 11 月 05 日、2016 年 11 月 27 日、2016 年 12 月 08 日、2016 年 07 月 26 日

附表 14 主要包括矿山、水电、旅游等人类活动的遥感解译数据源和成像时间，用于说明 2018 年人类活动调查采用的数据源情况。

附表 14　祁连山 2018 年高分系列卫星遥感影像列表

数据源	成像时间
GF1	2018 年 01 月 04 日、2018 年 01 月 12 日、2018 年 02 月 22 日、2018 年 04 月 08 日、2018 年 05 月 02 日、2018 年 05 月 14 日、2018 年 07 月 15 日、2018 年 08 月 09 日、2018 年 09 月 03 日、2018 年 09 月 15 日、2018 年 09 月 28 日、2018 年 10 月 06 日、2018 年 10 月 10 日、2018 年 10 月 26 日、2018 年 01 月 08 日、2018 年 02 月 13 日、2018 年 02 月 26 日、2018 年 04 月 20 日、2018 年 05 月 06 日、2018 年 06 月 21 日、2018 年 07 月 27 日、2018 年 08 月 13 日、2018 年 09 月 07 日、2018 年 09 月 23 日、2018 年 10 月 02 日、2018 年 10 月 09 日、2018 年 10 月 22 日、2018 年 10 月 30 日
GF2	2018 年 08 月 25 日、2018 年 09 月 23 日、2018 年 09 月 28 日、2018 年 09 月 03 日、2018 年 10 月 14 日、2018 年 11 月 01 日
ZY3	2018 年 01 月 08 日、2018 年 02 月 10 日、2018 年 03 月 02 日、2018 年 03 月 09 日、2018 年 03 月 27 日、2018 年 04 月 16 日、2018 年 05 月 12 日、2018 年 05 月 22 日、2018 年 06 月 03 日、2018 年 06 月 11 日、2018 年 06 月 28 日、2018 年 07 月 16 日、2018 年 08 月 14 日、2018 年 09 月 08 日、2018 年 09 月 20 日、2018 年 09 月 22 日、2018 年 09 月 28 日、2018 年 10 月 18 日、2018 年 11 月 01 日、2018 年 02 月 04 日、2018 年 02 月 26 日、2018 年 03 月 08 日、2018 年 03 月 15 日、2018 年 04 月 09 日、2018 年 05 月 03 日、2018 年 05 月 13 日、2018 年 05 月 30 日、2018 年 07 月 13 日、2018 年 07 月 30 日、2018 年 08 月 22 日、2018 年 09 月 11 日、2018 年 09 月 21 日、2018 年 09 月 23 日、2018 年 10 月 07 日、2018 年 10 月 22 日

附表 15 主要包括祁连山矿山、水电、旅游等人类活动无人机调查点位名称、类型、经纬度信息，用于说明人类活动无人机精细调查情况。

附表 15 祁连山人类活动变化与影响考察点

序号	名称	类型	经度	纬度
1	刚察县青藏铁路沿线料坑	矿山	100.1°E	37.3°N
2	刚察县料坑	矿山	100.1°E	37.3°N
3	海晏县废弃矿山	矿山	100.8°E	36.8°N
4	矿山修复	矿山	100.9°E	36.9°N
5	矿山修复	矿山	102.5°E	37.1°N
6	矿山修复	矿山	102.4°E	37.3°N
7	矿山修复	矿山	100.2°E	38.2°N
8	矿山修复	矿山	100.4°E	38.1°N
9	江仓井田	矿山	99.6°E	38.1°N
10	海晏县新开料坑	矿山	101.0°E	37.0°N
11	矿山修复	矿山	100.5°E	39.0°N
12	矿山修复	矿山	100.5°E	39.0°N
13	海晏县新开料坑	矿山	101.0°E	37.0°N
14	刚察县 2.8 矿（西）废弃煤矿地质环境治理工程	矿山	100.3°E	37.8°N
15	青藏铁路沿线料坑地质环境恢复治理工程	矿山	99.8°E	37.2°N
16	天峻县哈拉湖流域历史遗留矿山环境治理工程	矿山	100.3°E	37.4°N
17	门源县狮子口砂金矿地质环境修复工程	矿山	101.1°E	37.8°N
18	门源县珠固乡寺沟沙金矿区地质环境修复工程	矿山	102.5°E	37.1°N
19	海晏县青海湖北历史遗留废弃矿山恢复治理工程	矿山	100.7°E	37.0°N
20	珠固乡黑驿白区沙金矿地质灾害修复工程	矿山	102.4°E	37.3°N
21	阿柔乡小八宝废弃石棉尾矿库修复工程	矿山	100.4°E	38.1°N
22	卓尔山风景区	旅游	100.3°E	38.2°N
23	祁连山旅游景区冰沟景点建设项目	旅游	100.2°E	38.1°N
24	扎麻什东沟、西沟旅游景区	旅游	100.0°E	38.2°N
25	苏里乡沙漠化土地治理	草地退化治理	98.6°E	38.4°N
26	苏里乡防鼠退化草场	草地退化治理	98.2°E	38.6°N
27	仓开村放牧区	草地退化治理	99.4°E	38.6°N
28	退化草地治理项目	草地退化治理	100.2°E	37.3°N
29	哈拉湖江水区三河河源区湿地保护工程	草地退化治理	98.6°E	38.4°N
30	哈拉湖江水区山河河源沙漠化土地治理工程	草地退化治理	98.6°E	38.4°N
31	三河河源区湿地生态保护与功能提升工程"黑土滩"型退化草地综合治理项目	草地退化治理	98.2°E	38.5°N
32	疏勒河出境段生态系统修复示范工程鼠害防治项目	草地退化治理	98.3°E	38.4°N
33	疏勒河出境段生态系统修复示范工程退化草地	草地退化治理	98.2°E	38.6°N
34	天峻县疏勒河出境段生态系统修复示范工程河道生态系统修复治理项目	水电	98.0°E	38.7°N
35	海晏县甘子河生态护岸工程	水电	100.6°E	37.2°N
36	青石咀大通河河道	水电	101.5°E	37.4°N
37	大通河青石嘴镇河道整治工程	水电	101.4°E	37.5°N
38	阿柔乡小八宝河流域河道整治工程	水电	100.4°E	38.1°N

序号	名称	类型	经度	纬度
39	东大滩水库	水电	101.0°E	36.9°N
40	大湾砂石料场、白泉门砂石料场	矿山	99.5°E	38.8°N
41	甘肃环陇高新农业开发有限责任公司祁连山素珠链冰川矿泉水矿	矿山	98.7°E	39.3°N
42	甘肃省肃南县小柳沟钼多金属矿详查	矿山	98.0°E	39.2°N
43	甘肃省肃南县大海铜矿勘查	矿山	98.7°E	39.2°N
44	观山河灌区引水工程	水电	98.6°E	39.2°N
45	肃南县昌乐石灰石矿	矿山	98.5°E	39.4°N
46	肃南县九个泉选矿厂	矿山	99.3°E	38.8°N
47	黑驿北沙金矿	矿山	102.4°E	37.3°N

附表 16 主要包括矿山废水常量元素的最小值、最大值、平均值、中位数、标准差和变异系数，用于说明 21 个矿山废水样品点常量元素值的情况。

附表 16　矿山废水常量元素含量统计表　　　　（样品数：21）

	pH	电导率 / (μS/cm)	CO_3^{2-} / (mg/L)	HCO_3^- / (mg/L)	F^- / (mg/L)	Cl^- / (mg/L)	NO_2^- / (mg/L)	Br^- / (mg/L)	NO_3^- / (mg/L)
最小值	2.33	269.00	0	0	0.11	4.90	6.26	0.37	1.34
最大值	9.49	9700.00	78.97	338.83	4.04	3101.15	6.26	8.05	422.56
平均值	7.96	2039.76	6.55	138.32	1.08	208.19	6.26	2.96	27.50
中位数	8.19	1095.00	0.00	112.94	1.00	43.56	6.26	0.46	6.93
标准差	1.46	2427.01	17.07	96.35	1.05	665.47	0	4.41	93.03
变异系数	0.18	1.19	2.61	0.70	0.98	3.20	0	1.49	3.38

	SO_4^{2-} / (mg/L)	Al/ (mg/L)	Ca/ (mg/L)	Fe/ (mg/L)	K/ (mg/L)	Mg/ (mg/L)	Na/ (mg/L)	Si/ (mg/L)	Sr/ (mg/L)
最小值	27.72	0	20.67	0	0.68	8.53	1.33	0.55	0.06
最大值	17133.72	228.83	518.00	2669.96	57.34	995.50	237.60	193.85	8.34
平均值	1401.31	11.62	173.95	130.14	7.42	130.10	53.43	12.80	1.74
中位数	479.29	0.12	87.07	0.73	3.51	75.88	14.72	4.07	0.89
标准差	3653.63	49.79	151.88	582.01	12.06	209.04	70.32	41.52	2.19
变异系数	2.61	4.29	0.87	4.47	1.63	1.61	1.32	3.24	1.26

附表 17 主要包括矿山废水微量元素的最小值、最大值、平均值、中位数、标准差和变异系数，用于说明 21 个矿山废水样品点微量元素值的情况。

附表 17　矿山废水微量元素含量统计表　　（单位：μg/L，样品数：21）

	Cr	Mn	Ni	Cu	Zn	As	Cd	Pb	Li	Be
最小值	0.28	1.62	0.71	0.68	17.83	0	0	0.87	0.96	0
最大值	224.51	25462.07	1097.21	5027.23	74369.17	33805.00	2155.00	8701.80	116.46	6.34
平均值	17.79	2293.45	72.02	473.03	7225.99	1621.54	156.53	480.34	30.16	0.39
中位数	2.13	54.35	7.66	11.89	45.22	0	2.00	5.10	15.37	0.04
标准差	50.65	6009.92	236.22	1149.86	16761.12	7374.25	477.27	1892.67	35.26	1.37
变异系数	2.85	2.62	3.28	2.43	2.32	4.55	3.05	3.94	1.17	3.51

续表

	Co	Rb	Mo	Sn	Cs	Ba	Bi	Th	U
最小值	0.09	0.19	0.03	0.08	0.01	5.04	0	0	0.01
最大值	946.17	34.67	13.92	27.67	4.77	100.83	18.92	224.05	311.40
平均值	58.97	5.76	2.39	1.50	0.48	42.25	0.92	11.14	26.12
中位数	1.02	3.71	0.85	0.18	0.15	32.68	0.02	0.02	6.52
标准差	204.58	7.98	3.18	6.00	1.04	30.99	4.12	48.80	66.81
变异系数	3.47	1.39	1.33	4.00	2.17	0.73	4.48	4.38	2.56

附表 18　祁连山沿山四市（州）生态环境治理前后主要环境变化率　（单位：t）

		原煤	洗煤	铁矿石	铜	钨精矿	铅选矿产品	锌选矿产品	原盐	石棉
张掖市	2016 年	819099	281228	1088301	28708	1875	0	0	14000	0
	2017 年	273878	213936	965489	15766	2459	0	0	16000	0
	变化量	−545221	−67292	−122812	−12942	584	0	0	2000	0
	变化率 /%	−66.56	−23.93	−11.28	−45.08	31.15	0	0	14.29	0
武威市	2016 年	4148600	0	0	0	0	0	0	0	0
	2017 年	1559874	0	0	0	0	0	0	0	0
	变化量	−2588726	0	0	0	0	0	0	0	0
	变化率 /%	−62.40	0	0	0	0	0	0	0	0
海北藏族自治州	2016 年	2627000	232000	0	14351	0	0	17123	0	15877
	2017 年	1593500	0	0	1900	0	0	0	0	0
	变化量	−1033500	−232000	0	−12451	0	0	−17123	0	−15877
	变化率 /%	−39.34	−100.00	0	−86.76	0	0	−100.00	0	−100.00

附表 19　原煤生产污染物排放系数

原料名称	工艺名称	规模等级	污染物指标	单位	产污系数	末端治理技术名称	排污系数	备注执行标准分类
烟煤和无烟煤	井工开采机采	≤ 30 万 t/a	工业废水量	t/t. 产品	3	沉淀分离	1.8	一区
					1.5	化学混凝沉淀法	0.62	二区
					0.7		0.08	三区
			化学需氧量	g/t. 产品	302	沉淀分离	108	一区
					220	化学混凝沉淀法	39	二区

附表 20　精铜粉生产污染物排放系数

产品名称	原料名称	工艺名称	规模等级	污染物指标	单位	产污系数	末端治理技术名称	排污系数
铜精矿	铜矿石	坑采—磨浮	<600t/d	工业废水量	t/t. 原矿	5.333	循环利用	1.333
				化学需氧量	g/t. 原矿	484.9	沉淀分离	121.2
							直排	484.9
				汞	mg/t. 原矿	0.0016	沉淀分离	0.0004
							直排	0.0016
				镉	g/t. 原矿	0.005	沉淀分离	0.0013
							直排	0.005
				铅	g/t. 原矿	0.016	沉淀分离	0.004
							直排	0.016
				砷	g/t. 原矿	1.023	沉淀分离	0.256
							直排	1.023
				工业固体废物（尾矿）	t/t. 原矿	0.946	—	—
				工业固体废物（其他）	t/t. 产品	0.35	—	—

附表 21　石棉生产污染物排放系数

产品名称	原料名称	工艺名称	规模等级	污染物指标	单位	产污系数
石棉	石棉矿石	干法选矿	≥2 万 t 石棉 / 年	工业固体废物（尾矿）	t/t. 产品	26.75
			1～2 万 t 石棉 / 年	工业固体废物（尾矿）	t/t. 产品	31.62
			<1 万 t 石棉 / 年	工业固体废物（尾矿）	t/t. 产品	36.5

附表 22　铅锌精矿生产污染物排放系数

产品名称	原料名称	工艺名称	规模等级	污染物指标	单位	产污系数	末端治理技术名称	排污系数
铅锌精矿	铅锌矿石	坑采—磨浮	<600t/d	工业废水量	t/t. 原矿	5.925	循环利用	2.37
				化学需氧量	g/t. 原矿	979.5	沉淀分离	391.8
							直排	979.5
				汞	mg/t. 原矿	0.513	沉淀分离	0.205
							直排	0.513
				镉	g/t. 原矿	0.012	沉淀分离	0.0048
							直排	0.012
				铅	g/t. 原矿	0.654	沉淀分离	0.262
							直排	0.654
				砷	g/t. 原矿	1.475	沉淀分离	0.59
							直排	1.475
				工业固体废物（尾矿）	t/t. 原矿	0.728	—	—
				工业固体废物（其他）	t/t. 产品	0.1	—	—

生态系统服务价值远程耦合网络调查问卷

祁连山生态保护和恢复价值调查问卷

尊敬的女士/先生:

您好!祁连山是中国西部的主要山脉之一,位于青海省东北部与甘肃省交界处,是中国东部季风区、西北干旱区和青藏高寒区交会地带的"湿岛",是我国生态安全战略"两屏三带"中"北方防沙带"的重要组成部分。祁连山素有"高原冰原水库"和"生命之源"之称,保障着河西走廊生态安全和黄河径流补给,维护着青藏高原生态平衡,具有涵养水源、保持水土、调节河川径流、保护生物多样性、稳定气候环境,维护内陆河流域的生态平衡和生态安全的重要生态功能。

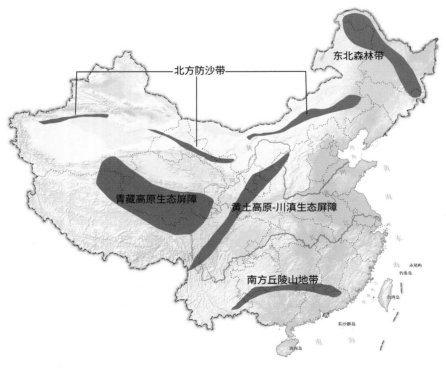

附图1 中国生态安全战略"两屏三带"图

然而,过去10多年来,由于全球气候变化、过度开发、超载放牧等影响,祁连山地区生态环境持续恶化:局部植被破坏;水土流失、地表塌陷、热融滑塌频繁发生;地球天然固体水库——冰川日渐萎缩,冻土退化、地下冰锐减;生物多样性威胁加大。有科学家预言按照现在的消融速度,祁连山冰川到2050年将全部融化,这将对祁连山、河西走廊,甚至是全中国的可持续发展造成巨大的影响。

因此亟待对祁连山进行生态恢复和保护,故此,我们进行了此次调查,希望得到您的协助。为了消除您的顾虑，我们的问卷设计是不记名的，不会给您今后生活带来任何不便，请您如实、认真回答问卷中的问题。我们希望您真实的回答和宝贵的意见为我们的研究工作提供帮助。

衷心感谢您的支持和配合！

中国科学院第二次青藏高原科学考察
祁连山人类活动分队
2018 年 11 月

1. 您现在的生活地点：　　省　　市

2. 您的性别（　）
A. 男　　　　　　　　B. 女

3. 您的年龄：　　岁

4. 您的民族是（　）
A. 汉族　　　　　　B. 满族　　　　　C. 藏族　　　　D. 蒙古族
E. 回族　　　　　　F. 壮族　　　　　G. 其他

5. 你的受教育程度是（　）
A. 不识字或识字很少　B. 小学　　　　　C. 初中　　　　D. 高中或中专
E. 大专　　　　　　F. 大学本科　　　　G. 研究生及以上学历

6. 您的健康状况是（　）
A. 很好　　　　　　B. 比较好　　　　C. 一般　　　　D. 比较差
E. 很差

7. 您所从事的职业是（　）
A. 事业单位工作人员　B. 政府工作人员　C. 国企工作人员
D. 民营企业工作人员　E. 个体经营者　　F. 农业
G. 离退休人员　　　　H. 服务行业　　　I. 学生
J. 其他

8. 祁连山系庞大、岭谷相间，景观多样，生物种类繁多，分布有独具特色的植被类型和珍稀动植物种类，如有祁连圆柏、青海云杉等不同的植被类型，有白唇鹿、雪豹、蓝马鸡等不同的珍稀动物。
您觉得祁连山生物多样性的生态系统服务功能对您是否有价值？
A. 是　　　　　　　　B. 否

9. 祁连山是我国生态安全战略"两屏三带"中"北方防沙带"的重要组成部分，内陆河黑河下游居延海防风固沙能力影响着京津冀的沙尘天气。而位于黑河下游居延海的水绝大部分都来自祁连山的冰川融水。故有人称"小小居延海，连着中南海"。

您觉得祁连山防风固沙的生态功能对您是否有价值？

A. 是　　　　　　　　B. 否

10. 祁连山素有"高原冰原水库"和"生命之源"之称，保障着河西走廊生态安全和黄河径流补给，维护着青藏高原生态平衡，具有涵养水源、保持水土、调节河川径流的生态系统服务功能。

您觉得祁连山水源供给和涵养的生态功能对您是否有价值？

A. 是　　　　　　　　B. 否

11. 祁连山区是丝绸之路的"咽喉段"，这里有古老的游牧经济，有精耕细作的农业生产，游牧民族轮换不息，也是古老的军事要地；裕固族、蒙古族、藏族、回族、土族、哈萨克族等多民族在此聚居，藏传佛教、伊斯兰教在此流行，分布着丰富多彩的文化遗迹和军事遗迹。

您觉得祁连山文化旅游生态系统服务功能对您是否有价值？

A. 是　　　　　　　　B. 否

12. 您认为对祁连山区进行生态恢复和保护是否必要（　　）

A. 有必要　　　　　　　　B. 没必要

13. 当前祁连山区生态恢复和保护计划正在筹集资金阶段，如果需要您未来10年每年从您家中的收入中拿出部分现金支持这一计划，您是否同意（　　）

A. 同意　　　　　　　　B. 不同意

14. 每年拿出 500 元，您是否同意（　　）

A. 同意　　　　　　　　B. 不同意

15. 跳题逻辑，14 回答同意者，每年拿出 1000 元，您是否同意（　　）

A. 同意　　　　　　　　B. 不同意

16. 跳题逻辑，15 回答同意者，每年拿出 3000 元，您是否同意（　　）

A. 同意　　　　　　　　B. 不同意

17. 跳题逻辑，16 回答同意者，每年拿出 5000 元，您是否同意（　　）

A. 同意　　　　　　　　B. 不同意

18. 跳题逻辑，14 回答不同意者，每年拿出 200 元，您是否同意（　）
A. 同意　　　　　　　　　　B. 不同意

19. 跳题逻辑，18 回答不同意者，每年拿出 100 元，您是否同意（　）
A. 同意　　　　　　　　　　B. 不同意

20. 跳题逻辑，19 回答不同意者，每年拿出 50 元，您是否同意（　）
A. 同意　　　　　　　　　　B. 不同意

21. 跳题逻辑，20 回答不同意者，每年拿出 10 元，您是否同意（　）
A. 同意　　　　　　　　　　B. 不同意

22. 如果不同意，请问您的理由是（　）
A. 距离太远，对我没影响　　B. 这是政府的事情，与我无关
C. 收入低，有心无力　　　　D. 说不清楚　　　　　　　　E. 其他

23. 请问在此之前您是否踏足祁连山区域（　）
A. 是　　　　　　　　　　　B. 否

24. 跳题逻辑，如果回答否，将来有无计划前往（　）
A. 有　　　　　　　　　　　B. 无
无条件跳题：回答完该题后，跳题到 26 题

25. 跳题逻辑，如果回答是，将来有无计划再去（　）
A. 有　　　　　　　　　　　B. 无

26. 您的个人年收入位于以下哪个区间（　）
A. 3 万元以下　　　　　　　B. 3 万～6 万元　　　　　　C. 6 万～12 万元
D. 12 万～30 万元　　　　　E. 30 万元以上